丝绸之路

河西走廊生态与地域建筑走向

胡月文／著

中国建筑工业出版社

图书在版编目（CIP）数据

丝绸之路——河西走廊生态与地域建筑走向 / 胡月文著 . —北京：中国建筑工业出版社，2016.10
ISBN 978-7-112-20005-4

Ⅰ . ①丝… Ⅱ . ①胡… Ⅲ . ①河西走廊－建筑文化－研究 Ⅳ . ① TU-092.942

中国版本图书馆 CIP 数据核字（2016）第 243431 号

责任编辑：杨　虹　周　觅
责任校对：王宇枢　焦　乐

丝绸之路——河西走廊生态与地域建筑走向
胡月文　著
*
中国建筑工业出版社出版、发行（北京海淀三里河路9号）
各地新华书店、建筑书店经销
北京嘉泰利德公司制版
北京云浩印刷有限责任公司印刷
*
开本：787×960毫米　1/16　印张：15　插页：1　字数：259千字
2017 年 9 月第一版　2017 年 9 月第一次印刷
定价：56.00元
ISBN 978-7-112-20005-4
（29499）

絲綢之路

河西走廊生態與地域建築走向

小鹿題

序 一 Foreword

丝绸之路是一条横贯亚、非、欧三大洲的陆路交通干线，将古老的华夏文明、印度文明、希腊—罗马文明、波斯—阿拉伯文明以及亚欧草原带的游牧文明连接起来，维持古代中国和印欧之间的联系，起到贸易往来、宗教传播和文化艺术交流的作用，是中国华夏文明向西发展和延伸的陆上大动脉，是中国自汉代以来历代王朝兴旺发展的晴雨表，在农耕文明与游牧文明的冲突与发展中，基督教文明、伊斯兰文明、印度文明和华夏文明在这片土地上进行了深度交流，产生了河西走廊独一无二的地域文化形态。

1990年代初，原西安美术学院院长杨晓阳策划并组织了一次重要的文化之旅——“华夏纵横”大型文化考察活动，我应邀有幸参加了这次活动。其线路是中国大地东、南、西、北不同板块，而我所行走的路线就是这条具有代表性的华夏文明并连接世界的古丝绸之路河西走廊。值得一提的是在“华夏纵横”十周年纪念活动时，我仍然带领西安美术学院两个系二十余位老师重游这条具有古丝绸之路代表性的甘肃沿线，并对此进行了详细调研……基于此，故对我的首个博士研究生胡月文的研究方向及博士论文研究定位，明确地要求她继续并更加深入完成对丝绸之路河西走廊段之生态环境、民居建筑及人文历史的考察研究与整理，并于2013年申请了中国教育部人文社科研究项目，也得到了西安美术学院学科建设重点资助。在后续研究中，此项目同时得到中国博士后第57批面上基金项目资助，充分显示了河西走廊地域建筑的研究学术价值。作者经过多次往返长安与河西一带进行现场田野考察调研，收集一手资料并反复论证，试图在生态视域下，对河西走廊现存建筑历史遗迹和地域建筑聚落进行分析，发掘在特定的地域环境和历史条件下，河西走廊地域建筑生发和发展的客观规律和原因，重温丝绸之路河西走廊段生态地域建筑概貌，讨论河西地域生态保护和城镇地域建筑未来发展的新思路。经过四年博士和近三年博士后的研究，这一具有特定学术高度的研究课题得到纵深完善，使这项研究取得当下的阶段性成果。

笔者所涉及的研究对象和领域，是目前跨国丝绸之路申遗获准之后，对我国丝绸之路保护与建设面对区域生态、文化生态以及文化传承等相关理论的基础研究，探索可持续发展的路径抉择问题，该举措具有重要的现实意义和探索价值。河西走廊时间与空间变化所产生的客观存在，启示传统农耕建筑的衍生机理脉络，展示河西本原文化与人文生态环境之间的联系。寻求河西居住行为方式所产生的文化差异，以本土文化中的生活方式、生活习俗和宗教信仰的文化结构为主线，运用新的方式解读与阐释本土文化在新时代建筑领域内的生发，研究注重现代城市人文乡土与人文设计发展的应用价值。

从丝绸之路文化线路解析地域建筑，响应于国家"一带一路"丝路文化策略，以及生态现代化环境安全战略的理念。研究内容将结合河西走廊这一文化地域的特征、地域建筑的作用和衍生机理等多角度，探讨丝绸之路河西走廊段地域建筑的时空演变特征及其人地关系，探讨地域建筑的发展应限定在"生态社会"和"文化生态"的语境中进行针对性的分析。其中研究运用更多地涉及历史地理学的研究方法和地域建筑历史分析的方法，以及田野调查等方法，求证河西走廊地域建筑生态观的现实发展意义。

西安美术学院教授（二级）博士生导师

吴昊

2017年2月9日

序 二
Foreword

建筑始终是人类聚居环境历史发展重要的物质载体和文化表现，建筑地域性的探索无疑是当今快速城镇化进程中，建筑文化回归和建筑设计创新的重要课题，更是建筑文化传承的核心内容之一。建筑是基于文化的土壤而蕴育发展的，特定地域的生态环境、生产方式、生活方式以及文化观念，决定了其建筑的形式、结构、材料以及装饰。发展至今，人类社会所赖以栖息、生存和自我发展的建筑环境一方面为人类提供了物质空间，同时也提供了情感庇护所，并在不断地实践、修正、完善中呈现出历史文化的传承和延续，在艺术审美领域给人以精神的享受，呈现出不同历史时期特征的环境空间营造的理念、技术、材料、工艺及其艺术和审美追求，体现了人地之间的相互关系。

河西走廊的人居环境的营造，依托于内陆河绿洲，受其生态环境的制约，顺应环境和气候，就地取材，从建筑布局、建筑形式、建筑结构、建筑材料以及建筑装饰等方面，呈现出独特的地域性特征。河西走廊是中原文化地区与西域之间重要的绿洲通道，在丝绸之路史上，建筑文化自西向东渐进、抑或由东向西回授，凝结成中外文化、政治、贸易、技术乃至宗教等的历史记忆和文化长廊，因此，河西走廊不仅是我国西北地区重要的人居环境区域，也是重要的文化地理景观区域，更是丝绸之路历史文化遗产的核心价值区域之一。作者立足于河西走廊地域建筑特征与生态要素之间的相互关系，从人地关系出发，梳理了河西走廊地区地域建筑的历史演变、现存壁画的建筑影像以及河西走廊堡寨建筑遗存等，着力于河西走廊生态与地域建筑流变的生发关系及其演变趋势，聚焦于河西走廊“东与西”双向历史的交融与碰撞及其地域建筑形态流变，探索其人文生态理念与建筑的地域性的相互作用，寻求地域建筑的生长机理及其作用规律，进而厘清河西走廊地域建筑的历史嬗变与当下建筑的脉络关系，对于当代建筑的创作具有重要的探索价值和时代意义。

文如其人，胡月文博士不负众望，在博士后期间继续致力于深化河西走廊地区建筑的地域性及其当代流变的探索，笔耕不辍，并基于其美术学的研究视野和方法，在建筑历史理论方面多有拓展，其美术学学科背景和建筑历史理论的结合，形成了本书文稿的书写范式及其逻辑特征，令人耳目一新。有幸在丁酉年年节期间，先睹书稿，欣然成序。

西安建筑科技大学　教授/博导

建筑学院　规划系主任

任云英

2017年2月11日

P前　言 REFACE

以甘肃丝绸之路——河西走廊生态地域文化为典型，将地域建筑文化与生态环境相对应，依据中国生态现代化的生态理论，研究河西走廊地域建筑文化走向，探索西部地域建筑传统文化意匠与传承的现实意义，分析在当代世界建筑美学普世化的影响下，河西地域建筑所具有的时代哲学特征、美学观念和艺术表现手法，以及未来的发展趋势，追求与延展乡土性、本原性、生态性文化在设计领域里的可行性运用。

将河西走廊地域建筑放入丝绸之路宏观的生态体系中，溯源河西地域建筑庄堡建筑文化特征的缘起，确立河西走廊以防御为特征的地域建筑生态类型，研究该符号建筑精髓在现代建筑中的延续显现；同时通过村堡——军堡——城关建筑的细部比对和年代考证，论证地域建筑形式的出处，突出河西庄堡地域民居形式特色，探讨在丝绸之路文化传播流变中河西走廊地域建筑的走向。

梳理丝绸之路——河西走廊地域建筑“走向”的历史传承关系，研究甘肃河西走廊地域建筑流变的地域空间关系，探讨河西走廊生态地域建筑庄堡形式与西域、关中民居形式之间的联系，及其衍生机理模式在丝绸之路沿线中的同与异，进一步论证该建筑形态向关中地段渐于消退，同时具有关中建筑文化回授的史实及特征。管窥丝绸之路河西走廊，地域建筑形成由西域向河西转变至关中的主流发展特点，通过研究跨区域板块地域建筑的微变化衍生机理模式，还原和显现丝绸之路绿洲中由点串成线的地域建筑形态隐形带的特征。分析河西地域建筑衍生机理的存在，对当代城乡规划引导的可行性因素，重点关注丝路文化带河西地区生态文化传承所面临的抉择问题。并且最终通过大量的实地考察与资料论证，得出当代河西地域建筑的发展走向不再是历史上由西向东渐进，抑或由东向西的回授，而处于建筑文化自身有机的、新生的、向上的生态发展模式。

我国丝绸之路保护与建设必须面对区域生态、文化生态，以及文化传承的理论基础研究、探索其可持续发展的路径选择。笔者希望通过研究认知生态观念、历史条件、地理环境、生活习俗、技术体系等诸多源流，强调地域建筑生态文化继承的可持续性，专注继续运用这一形态的发展脉络，寻找其规律和再创造的可能性，探索丝绸之路文明中河西走廊地域建筑的典型特征，关注生态环境下地域建筑的文化内涵，以时代批判与创新精神引领丝绸之路生态建筑的未来。

目　录
CONTENTS

第一章 绪论

生态:“生态”(Eco-)一词源于古希腊语的οικos，原意指“住所”或“栖息地”。1866年，德国生物学家E·海克尔(Ernst Haeckel)最早提出生态学的概念。生态就是指一切生物的生存状态，以及它们之间和它们与环境之间环环相扣的关系。生态学的产生最早也是从研究生物个体而开始的。如今，生态学已经渗透到各个领域，“生态”一词涉及的范畴也越来越广，生态设计是指使建筑、景观回到基于生态的规划设计，生态的可持续策略已经成为一种文化。人文生态是伴随文明发展不断生成演化的人类文明不断进步的环境机制，主要研究的是人类与生态间的相互作用关系；生态文化更多地关注生态视角下的文化行为活动或者空间特征，运用生态学的基本观点去观察现实事物，解释社会现实问题。人文生态是客观存在，而生态文化是手段，两者并行不悖。地域建筑中“地域”通常是指一定的地域空间，也叫区域。狭义的地域建筑，是指基于特定的地域自然特征、建构地域的文化精神和采用适宜技术、经济条件建造的建筑。广义的地域建筑，是指建筑上吸收本地区民族的、民俗的风格，在建筑中体现出一定的地方特色的设计思潮。本文的整体研究中，对地域主义建筑的定位是广义的地域建筑，在于研究河西走廊地域建筑的特色缘起，以及地域建筑的审美走向问题。

本书着手生态与地域建筑之间的关系，强调人地关系对地域建筑的长期影响，以及地域建筑在生态环境的影响下地域建筑语汇的体现。河西走廊生态地域环境是地域建筑生成的母体，是地域建筑存在的空间维度，两者之间存在包容关系，并非完全意义的对等关系，是立足生态环境角度解析地域建筑，属于学科的交叉，更响应于生态现代化中环境安全战略的范畴。在本书的研究概念中，生态是指生态地域环境，是人居广义环境下生态环境与地域建筑生存空间的表现。

河西走廊生态环境下地域建筑引起的思考

跨度上千公里的河西走廊，大地景观随经纬的变化而起伏，茫茫戈壁不禁使人联想到王维的塞上景句“大漠孤烟直，长河落日圆”，由此情真意切地感受到戈壁滩的广袤无边，其间绿洲中串起的一座座残破的城池与地域城市的生态景观又令人匪夷所思。多次考察河西走廊沿线地域建筑面貌特征，其中令人联想丰富的恰是绿洲间不变的地域建筑“庄堡”的形式，尤其看到部分现代建筑的建筑形制时，似乎会看到历史的痕迹，萌生了探究河西走廊地域建筑走向与发展的念头，思考河西走廊绵延上千公里生态与地域建筑之间存在着什么样的关系，河西走廊生态对地域建筑又存在什么样的影响，河西走廊未来生态环境下地域建筑何去何从。

现今位于张掖民勤保存完整的军事堡寨——瑞安堡，其建筑外观形制和军事要寨嘉峪关外观形态上较为接近，也同近年修建于敦煌市鸣沙山附近的敦煌山庄有千丝万缕的联系，完全属于跨年代建筑外观形制的延伸[1]。并且在早期敦煌壁画中，仍可见隋唐经变画以殿堂、楼阁、台榭、回廊、钟楼等多类建筑单体，作为建筑元素进行组合的寺院组群具有与“堡寨”、“关口”相同的建筑特征，还有更早的东汉时期敦煌肃北的石包城遗址、庄子和堡子等军事堡寨，都有待考证建筑形制之间的联系性，以及河西有历史延续形式的“坞”——堡寨的地域民居建筑形式。因此，值得溯源一系列“堡寨”建筑符号相同的地域建筑形式缘起；当然，在强调地域建筑的同时，应知道必然与生态环境之间存在一定的联系性，在意识到生态自然作用的同时，也值得探究人文自然的历史意义在乡土再造的营造活动中所起到的作用；同时，值得疑惑的是是否像一些文章所认为的，瑞安堡的“堡寨”形制完全是“集西北民居建筑之大成”[2]？此概念从某种研究角度，定调该建筑与地域脉络的演变脱离了关联，更多地侧重地域建筑工艺文化传播的结果。从以上多方面都有必要对此展开深入的探讨，论证甘肃地域建筑本土化建筑语言符号的特定性，以及梳理地域建筑的脉络关系，确定河西走廊在生态环境的大前提下，地域建筑语汇未来的发展及其走向。从而以地域建筑文化发展为脉络，来面对普世化建筑对地域文化资源的强势分解，为地域建筑的本土化发展找到创新的文化根源。本书整体希望通过追溯部分甘肃地域现代建筑的实际案例为思考的切入点，剖析现代建筑形态的“前世今生”，从而尝试从不同领域、不同视角，深入构思地域建筑中所凸显的一个文化符号设计创意、生态构建和文化解读，结合地域本身的生态环境，探索新兴元素的生命与活力，来启示地域文化安全性和生态美学的依据。

---

[1] 嘉峪关明代万里长城西端起点，始建于明洪武五年（1372 年），瑞安堡修建于民国 27 年（1938 年），敦煌山庄修建于 1990 年代初。

[2] 闫有喜，吴永诚 . 河西走廊生土民居———瑞安堡 [J]. 建筑设计管理，2011（1）.

第一节　河西生态地域建筑研究的意义

一、背景

（1)本书将结合河西走廊这一文化地域的特征及其对地域建筑的作用机理，探讨丝绸之路河西走廊段地域建筑的时空演变特征及其人地关系。涉及的研究对象和领域是目前跨国丝绸之路申遗获准之后，我国丝绸之路保护与建设必须面对的区域生态、文化生态，以及文化传承的理论基础、方法探索和可持续发展的路径选择问题，因此研究河西走廊本土地域建筑的活力，及其发展过程，具有重要的现实意义和历史价值。

（2）以丝绸之路甘肃段—河西走廊地域人文生态文化为典型，将地域建筑文化与生态环境相对应，依据中国生态现代化的生态理论，以关注地域建筑特征的案例分析，研究本土地域建筑之间所形成的地域建筑文化走向，从而能够认识到地方城市生态美学的要旨。本课题具有探索西部地域建筑传统文化意匠与传承的现实意义，旨在分析当代世界建筑美学普世化的影响下，地域建筑所具有的时代哲学特征、美学观念和艺术表现手法以及未来的发展趋势。反映与延展中国的乡土性、本原性、生态性文化在设计领域里的可行性运用。最终成果，将西部地域建筑的设计理论，达到相关领域纵深的研究深度；为我国西部地区的甘肃的生态性地域建筑的发展方向，提供系统的理论支持；推进西部地方本土化建筑、景观的生态设计实践发展。

（3）选择河西走廊作为研究基础，以河西走廊的人文生态环境为依托，是源于丝绸之路历史文化的独特性、广泛性、人文性与国际性；同时也因其得天独厚的西部文化战略地位；对地域建筑的研究是地方性在社会、人文及生态环境意义上的再重释，地域建筑在生态环境中的推进、外化与演变也恰是地域设计的当代表意，地域建筑的走向剖析，也是地域主义作为历史现象有积极意义演进的一面，值得进行深入研究。

（4）事实上，当下越来越多的设计师，开始切实关注建筑的独特人文历史背景，同时也在关注建筑的细节设计语言的表达，此种建筑语境，为当下建筑形态的研究思路提供了一种新的方式、方法，为这一形式提供坚实的理论框架也是非常重要的;与生态环境息息相关的地域建筑，紧密联系着“人”的生活、行为、思维方式，因此生态观是地域建筑形成的本质特征，采用生态化的研究方法研究地域建筑，属于当下生态研究的范畴之列。将二者相结合可以打破继承就是照搬传统，抑或伪造传统的习惯性思维，当下必须在传统的基础上重构地域新的文化，但是对于源头的把握与认识是话语权的初始，因此有必要以甘肃丝绸之路段——河西走廊作为研究典型对地域建筑进行深入的分析与理解，提出新的话题和打造新的话语空间。

二、目的

（1）在对河西走廊深层次的挖掘中，以丝绸之路段——河西走廊作为地域建筑研究的特殊典型；以丝绸之路特殊的人文生态环境为研究母体构架；运用“堡寨”这一地域特殊形式为研究案例，进行纵向与横向的比对，理解甘肃城市人文生态的实际运用与生发。最终目的是以小见大，着眼于国内地域建筑的发展及其未来趋势，强调传统建筑是在怎样的文化语境中再生与发展的。因为全球化无论如何趋同，终究是不同文化间的相融，在不同的城市文化思想理论引导下，将会形成和发展出不同的设计艺术形态。尊重和保护文化的多样性，在研究与剖析中分析地域建筑的文化安全启示，明确我国的地域建筑是以农耕文明为基石的华夏民族文化蕴育的产物，是面对世界生态文明潮流的自我修复与回归；本书强调通过地域文化的本土设计，如何外化于城市同时又多渠道地反作用于城市文化，更深入地了解自然资源、生态环境、区域交通、政治经济状况与古代城镇兴衰嬗变的互动关系，为今后的城镇规划建设工作提供史鉴。从建筑美学和城市规划等学科来看，关注河西走廊地域文化形成与发展的社会文化背景，并由此引出生态与地域建筑文化走向的问题研究。

（2）现今更多的业界人士趋向于实际案例的运筹帷幄，抑或无暇对理论与历史等相关命题进行思考，甚或认为历史是创新的绊脚石，在这种模糊历史观的作用下，无疑妨碍了设计师的创作境界与思考深度。研究历史现象学的德里达曾提出:继承并非接受，而是对继承对象进行质疑与选择。在这样的前提下，我们可以轻松地理解著名设计师的作品，感受他们的设计活动和作品与人文历史观的关系，而不仅仅感叹停留在大师经典案例本身的讨论和分析。本课题研究，立足分析甘肃丝绸之路段——河西走廊具有地域建筑文化特征的人文堡寨类建筑，解读此类既往地域建筑的文化与文明演进，对当下建筑的影响和生发的角度。随着我国国力的不断增强、国学之风的全面回溯，人文价值观和生活方式在传统文化的土壤里生根发芽。生于此—养于此—归于此，往复循环的地域文化情结，在中国广袤的土地上从来都没有摒弃过，国人在寻找新的生发点的同时，意识到本土地域文化的重要性，这是地域建筑文化形态产生的重要根源与生存的土壤，也是当今城镇平衡环境质量与健康空间所探讨的建筑景观核心特质。

三、意义

（1）本课题理论成果对甘肃古建筑环境艺术设计史整体脉络完善有贡献意义。

（2）剖析和解读当下甘肃城市文化的安全启示和生态美学观。

（3）本课题侧重建筑及景观所传承的地域文化传统意匠，立足西部生态地域建筑的艺术文化形态研究，推进西部地方本土化建筑、景观的生态设计实践发展，使西部生态环境在安全的格局下，保护地域建筑文化可持续发展。

第二节　研究文献综述

目前，国内从建筑、历史文化、宗教信仰等角度，对河西走廊的生态与地域建筑研究，取得了一定的相应的阶段性成果，但就研究成果呈现地域性点状分布的特点来看，缺乏研究的横向联系比对，以及地域建筑区域性的典型归纳。当下研究现状主要集中在图集、专著、期刊论文、硕博论文等方面，（笔者）通过分类、研究内容和陈述性总结等梳理如下。

一、专著

目前，尚未见到研究甘肃河西走廊生态与地域建筑流变走向的专著。相关建筑丛书有：唐晓军、师彦灵撰写的《甘肃考古文化丛书——古代建筑》一书，停留在甘肃现有遗存建筑的规模构建，与文化背景按地域划分的介绍和描述，相对内容属于史学界研究的建筑表述范畴，没有阐述为什么特有的地域，会塑造出特有的古建筑语言之本末，也未对地域建筑的年代样式进行梳理与论证。唐晓军撰写的《甘肃古代民居建筑与居住文化研究》全书就甘肃的历史、地理、民族文化以及民居建筑的基本特征；民居建筑的起源、发展变化及居住文化内涵；传统民居建筑的形制、等级制度以及汉族传统合院式建筑形态的确立；甘肃境内独特的建筑形态——堡寨式民居建筑；窑洞式民居建筑的形成、发展及窑居文化、窑居建筑的形制；流行于甘南、陇南等地的板屋式民居建筑及其现存建筑形态等进行了比较研究，是一本较为详尽的关于甘肃地域建筑的书籍，与本书不同之处在于该书就建筑谈建筑形态，是甘肃地域建筑统筹的梳理范畴，也是唯独近年出版相关地域建筑的专著丛书。邵如林出版的《丝绸之路古遗址图集》主要针对现有古城遗址图片的资料整理，非理论研究成果，没有对古遗址群进行建筑文化根源的解读，也未对建筑进行艺术角度的剖析。李并成、张力仁主编的《河西走廊人地关系演变研究》属于甘肃历史地理学范畴的学术论文集，包括民族文化、农业经济、交通军事、旅游开发等学术板块，并非针对地域建筑领域，可作为本课题历史地理学范畴的人地关系基础研究材料。李志刚撰写的《河西走廊人居环境保护与发展模式》立足于解决生态的人居环境问题，主要研究河西走廊历史上古绿洲，演变荒漠化的发展应对策略，本质上与本课题同属于生态概念，不同之处在于本课题注重于生态化地域建筑的研究与再生启示。马鸿良、郦桂芬撰写出版的《中国甘肃河西走廊古聚落文化名城与重镇》一书的撰写内容落实在河西走廊古聚落、名城与重镇的自然演变形迹，强调古城遗迹研究，在甘肃古城系列研究中可谓率先迈出了一步，切题归纳遗址古迹，尤其在梳理古代城镇发展历史及其演变方面作出了推进性研究，此内容为本次课题的研究背景提供了相对成熟的研究资料，属于甘肃地域建筑阶段性的丰厚成果。但是该书侧重于梳理和认知古文化遗存，以及城址地理环境研究，与本书研究的地域建筑文化走向角度不同，本书研究的方向更侧重于通过城址之间横向与纵向的对比，找出其间的共同点，来确立河西建筑的文化符号，确定河西城市生态美学依据，以及由此得出的地域安全文化启示。萧默著的《敦煌建筑研究》通过上下两篇分别讲述与分析了敦煌壁画中的建筑与敦煌古建筑，从壁画中的建筑形制到建筑分类作了详细的比对，同时对敦煌古建筑、古城关、石窟建筑形制以及唐宋窟檐各部件进行了介绍与讨论。该书内容翔实、丰富，对于论证丝绸之路敦煌壁画中的建筑艺术影响章节，有极其重要的参考价值。

立足于生态但不相同于建筑艺术研究角度的有：任继周撰写出版的《河西走廊山地—绿洲—荒漠复合系统及耦合》，主要进行了景观组划分和景观异质性数据分析。通过对河西山地系统、绿洲系统、荒漠系统的生态特征、类型及演变的数据分析，着重于耦合系统的优化模式与评价体系，在内容上为地域建筑解析生态环境给予了数据支持。侯仁之、邓辉撰写出版的《中国北方干旱半干旱地区历史时期环境变迁研究文集》中第四章相关河西走廊的论文主要出自侯仁之、李并成，内容更多地局限于沙漠化的研究，本课题相关生态学的内容与现有收集资料中的研究现状有一定范畴的交叉，但是对于河西走廊地域建筑的分析内容尚未见到。

甘肃考古研究所的《河西走廊史前考古调查报告》，钱云、金海龙的《绿洲研究》，邵如林的《中国河西走廊》等书籍更多地讲述的是河西走廊相关历史文化、地理、佛教史等的研究，抑或是保护开发型的生态发展策略，少有涉及河西走廊地域建筑内容的书籍。孟凡林撰写的《丝绸之路史话》针对河西之路板块完全从历史文化交融的角度切题，对溯源历史文化有一定的参考价值。

二、学术论文

1999 年，王勋陵的《境内丝绸之路生态环境的变化》发表于《西北大学学报（自然科学版）》第 3 期，研究了中国境内丝绸之路沿线生态环境的变迁，从生态理论角度阐明了丝绸之路生态变化的走向问题，与生态建筑的研究属于学科的交叠部分。2004 年，马志荣、哈玉红的《西部民族地区生态环境建设的文化思考》发表于《西北民族研究》，文章立足西北地区的范畴，提出了生态与建筑之间互为关系的思考，有一定的积极意义。

1990 年，和红星的《敦煌壁画中建筑的艺术特征》发表于《西北建筑工程学院学报》，其以敦煌壁画建筑为研究对象，探讨了历史因素下的佛教建筑。1991 年，杨筱平的《丝路文化与西部建筑》发表于《长安大学学报（建筑与环境科学版）》，梳理了西部建筑艺术与丝路文化的关系，强调丝路文化载体的重要性，彰显西部艺术的特性。1992 年，张文效、杜俊枝的《丝绸之路建筑文化的思考》发表于《长安大学学报（建筑与环境科学版）》第 Z1 期，文章强调地域建筑文化的传承特性，提出了地域建筑传统文化与当代建筑创作的延续与创新关系。1992 年，常青的《丝绸之路建筑文化关系史观》发表于《同济大学学报（人文 · 社会科学版）》，论证了“博阿斯（F.Boa）、路威（R.Lowei）和戈登威尔（A.Coldenweiser）等著名文化人类学家指出包括建筑文化在内的人类文化的普遍进步，是与文化的传播和交互影响密不可分的”这一观点。1993 年，孙儒涧的《敦煌莫高窟的建筑艺术》发表于《敦煌研究》第 4 期，介绍了莫高窟的石窟建筑形式以及壁画中所反映的古代建筑与现存建筑实物。1996

年，赵金铭的《地域环境、本土文化与持续发展——敦煌两组建筑设计的启示》发表于《建筑学报》第12期，其从敦煌石窟文物保护研究陈列中心、敦煌月牙泉建筑群设计的角度，宣扬了保护的修建态度。1996年，张正康的《一次西部创作实践》发表于《建筑学报》第12期，根据关注地域建筑研究的实践案例，作为设计者提出的地域环境、材料、技艺等角度简单展开的实践性研究，对本次课题具有材料论证指导的借鉴作用。期间提出了借鉴河西与青海东部传统民居的"庄窠"的建筑形式，在其论文中称其古代为"坞壁"，而实际上庄窠与坞壁在资料中查找出的记载与现有年代有区分，同时在建筑形制上有一定的区别。2000年，朱丽芸的《甘肃古代建筑艺术的特点》发表于《丝绸之路》第S1期，其从历史角度解读了历史建筑的风貌。2002年，戴尔阜、方创琳的《甘肃河西地区生态问题与生态环境建设》发表于《干旱区资源与环境》第6期，其以数据陈述了现有河西走廊地域生态环境的现状，以及生态建设策略之我见。2004年，马国泰的《河西走廊干旱区农村景观生态的可持续发展研究》发表于《甘肃高师学报》，探讨了河西走廊干旱区实现农村景观生态可持续发展的对策和建议。2004年，戚欢月的《敦煌荒漠化地区民居浅析》发表于《建筑学报》第3期，文章主要分析了敦煌传统民居与自然环境之间的关系，突出了地域民居的优势，也提到了"坞"的民居形式，强调传承与更新。2006年，陈菁的《试论河西走廊古代城镇建筑研究的视角与方法》发表于《兰州理工大学学报》，提出运用交叉学科的研究方法拓展河西走廊古代城镇建设史的研究视野，在借鉴相关研究理论的基础上，拟定了具体的研究方法与研究内容。2008年，何如朴、许新亚、侯秋凤的《甘肃史前建筑和大地湾文化遗存》发表于《建筑文化》第2期，论文以考古发现为基础阐释大地湾史前甘肃早期建筑形态文化现象。2009年，李延俊的《河西走廊张掖小满镇传统生土民居实例探析》发表于《山西建筑》，其以实际宅例揭示了生土民居的生态性特征，目的在于表明生态思想对于现代建筑设计创作的借鉴意义。2009年，蔺宝钢、徐娅、胡仁锋的《生态脆弱区的生物气候学建筑景观设计——河西走廊古浪地区景观规划》发表于《西安建筑科技大学学报》，通篇研究生态区域由古浪—武威—河西走廊—甘肃省，从点到面的生态廊道的景观规划构建过程。2009年，李延俊、杜高潮的《河西走廊传统生土民居生态性解析》发表于《小城镇建设》，简要阐述了该地区传统生土民居的生态特性。2010年，王元林的《丝绸之路古城址的保存现状和保护问题》发表于《中国文物科学研究》，根据田野考察分析古城址消亡与当下的社会破坏因素，提出保护措施与解决保护问题的信息基础和科学依据。2010年,李志刚的《环境伦理与干旱区人居环境发展——以河西走廊为例》发表于《城市与区域规划研究》，该文基于对西方环境伦理流派的辨析，从人居环境科学观点和方法论的视角，提出人地和谐的环境伦理观。2011年，闫有喜、吴永诚的《河西走廊生土民居——瑞安堡》发表于《建筑设计管理》，其以瑞安堡军事堡寨为研究对象，从总体建筑功能布局、生土建筑技术与手段等方面进行了探讨。2012年,刘炘的《发现古庄院》发表于《丝绸之路》，其从考察游记的角度，主要在武威地区寻访了河西走廊的废弃庄园现状，为本书提供了区域性研究知识点。

在近20年的学术研究中，可以看到发表的与河西走廊生态、景观、民居有关的文章，但大多数基本立足环境固有的认知层面展开，主要研究生态使用开发与利用，抑或是某一具体地域民居一对一的点状研究方式。作为业界相应的阶段性研究成果，总体对根源于丝绸之路的文化传播，深层次的地域建筑流变关系等重要问题却少有梳理，地域建筑与原生态的关系是鱼与水的关系，地域建筑离不开其固有的生态主体环境，因此研究西北河西走廊生态与地域建筑具有典型的独特意义。2006年，陈菁的《试论河西走廊古代城镇建筑研究的视角与方法》一文从整体思路上提出了研究河西地域建筑史的方法与思路，对本论文有很大的启示。同时，2004年，戚欢月的《敦煌荒漠化地区民居浅析》一文中提到了传统地域民居关于“坞”的形式，但其重点在于传承与创新地域民居建造。本文重点在于讨论河西沿线地域建筑的传统形式，以及河西民居形式的溯源，强调材料的出处，以及此一形式在丝绸之路中，地域建筑的走向到底是由东向西，还是由西向东之间碰撞中产生的新形式。是相对于《敦煌荒漠化地区民居浅析》一文中提到“坞”更为广泛的建筑与生态环境形式的研究探讨。2011年，李国仁、魏彩霞的《论古代河西走廊屯田对绿洲生态的影响》从河西走廊历史农业开发的角度阐述了河西走廊屯田的历史影响，有助于本文理解历史生态变迁的社会因素。

三、博士、硕士论文

2000年，西安建筑科技大学王瑛的博士论文《建筑趋同与多元的文化分析》，在世纪之交时提出了对现代建筑的本质性分析，立足于历史文化角度解读原始建筑、东西方传统建筑和当代建筑，从客观上分析建筑的趋同与多元问题。从文化角度解析建筑对本课题的研究方法有导引作用。2007 年，西北师范大学李鸣骥的博士论文《西北干旱区内陆河流域城镇化过程与区域生态环境响应关系研究》以黑河流域张掖市为案例，主要以地理学研究的相关理论手法，研究了城镇化过程与生态的相应关系，强调近代城镇化对周边自然环境的扰动、影响以及生态的反应机理程度，溯源区域历史时期人类活动与生态机能的耦合关系，探究干旱区环境城镇化对生态环境的作用机理，将两者耦合的内在反馈机制关系进行一定的量化研究。该论文涉及的部分相关历史时期人类活动与生态环境变换关系，对本课题有启示作用，但是研究范畴与切题角度完全不同。2009 年，西安建筑科技大学尚建丽的博士论文《传统夯土民居生态建筑材料体系的优化研究》以西北地区夯土材料特性为研究对象，对夯土建筑的生态特性进行了全方位的分析评价，建立了质量控制流程图。该文对本文的研究成果在技术上有一定的引导性，是夯土技术研究的典范，与本文不同的是该文在于研究夯土技术的试验分析。2004 年，清华大学建筑学院戚欢月的硕士论文《敦煌荒漠化地区建筑形态的再发展——荒漠地带人居环境积极化初探》，是一篇结构严谨的论文，表层上解决的是荒漠气候的生态问题，实际上是在尊重环境的基础上，深层次地剖析荒漠化地区建筑营造的方式、方法，目的仍然是在恶劣环境下，逆生长的宜人宜居环境建造。文尾的附题形式以敦煌现代优秀建筑实例，论证了沙漠化的人居环境研究方式、方法，从一定的角度展示了区域生态与地域建筑的关系。2004 年，天津大学建筑学院唐栩的硕士论文《甘青地区传统建筑工艺特色初探》，在文章撰写中侧重归纳甘青地区传统建筑工艺的技术营造，尤其对建筑结构的工艺和制作进行了特征性总结，同时也从建筑装饰特色的角度，作了全面、客观的综述。在阐述中对所掌握的资料进行了案例分析，尤为重要的是，对调研对象作了实地勘测与访谈，并且建立了甘青建筑工程数据库。这是此论文主要研究的客观方面，相对处于甘青地区建筑的初步试探性研究，属于阶段性成果。2004 年，西安建筑科技大学吴志刚的硕士论文《河西走廊地区城市居住外环境设计研究》，主要是以河西走廊五个地级城市小区的居住环境作为研究基础，运用环境心理学、建筑计划学、气候设计等学术研究方法，渴求“以人为本”的设计原则为中心，探讨符合河西走廊地域特征的住区室外空间环境设计方法。2005 年，天津建筑学院程静微的硕士论文《甘肃永登连城鲁土司衙门及妙因寺建筑研究——兼论河湟地区明清建筑特征及河州砖雕》，以明代历史为研究背景，诠释了甘肃永登连城鲁土司衙门的建筑特色和文物价值，解析了河湟地区明清古建筑的工艺做法和嬗变历程。在此研究基础之上，以秦州和河州两个地区的早期建筑为研究对象，论述了二者的工艺做法和构造做法，初探了甘青地区传统建筑工艺特征。2006年，天津大学建筑学院吴晓冬的硕士论文《张掖大佛寺及山西会馆建筑研究——兼论河西清代建筑特征》，属于针对河西走廊清代建筑特征的专题研究。2006年，西安建筑科技大学苏积山的研究生论文《对河西走廊元湖村落演变的研究》，通过对元湖村落的演变研究，发现传统的生土营造技术面临着持续恶化，抑或消失的局面，面对困境提出了解决问题的相关具体策略，目的在于认知建筑的终极价值——回归建筑真实生活的本质。2006年，西安建筑科技大学李鹰的硕士论文《河西走廊地区传统生土聚落建筑形态研究》，试图通过该地域传统聚落生态的视野，运用建筑学的构造、空间、视觉等研究方法，分析和总结地域生土建筑，及其聚落的建筑形态特征，由此归纳出生土建筑及其聚落发展的设计原则，该文的出彩之处，在于将生土特性作为阐述主旋律，但其研究角度立足于当下的生土建筑构造角度。2008年，西北师范大学于光建的硕士论文《清代河西走廊城镇体系及规模空间结构演化》，以府、州、县城为中心，研究清代河西走廊的城镇发展，从政治、交通、文化、经济等方面，阐述综合城镇格局的重要转变，总结了城镇体系及规模空间发展的历史因素，对本课题的研究具有积极意义。2009年，西安建筑科技大学李延俊的《河西走廊传统生土民居生态经验及再生设计研究》，主要以河西走廊传统建筑的民居现状为研究依托，根据对地域自然环境与文化资源等的分析，旨在寻求当下河西走廊传统民居建筑的再生与利用，主要针对现有民居建筑构造与设计的改进和优化，增强生土材料强度，加强抗震设防，发挥出当地生土民居在气候、节能、材料中的优势，更多地从工、民、建的角度进行了数据型的分析。2010年，西安建筑科技大学王巍的硕士论文《河西走廊地区寨堡建筑——民勤瑞安堡空间形态与建筑特色研究》，以河西走廊为背景，立足于民勤瑞安堡地方民居的军事堡寨形式，在实地测绘的基础上，进行了空间到形制、功能到特征、技术到模式的全面分析，是对地方生态文化的总结。2010年，兰州大学李元元的硕士论文《河西走廊多元民族文化互动研究》，以阿克塞、肃北、天祝县为例，对河西走廊的多元民族文化互动的表现形式、动因、模式及特点作了一些粗浅的研究和探讨。以“文化”与“文化互动”这两个基本的概念作为核心展开，从侧面展示了本课题河西走廊的文化交融面貌。2013年，西安美术学院冯琳的硕士论文

《甘肃丝绸之路沿线传统民居装饰比较研究》，以甘肃丝绸之路为地域范畴，选择陇西天水和河西武威为案例典型，进行文化比对和分析，探讨丝绸之路文化交流与交融中，传统建筑装饰艺术对今天传统文化的价值意义，与本书的建筑装饰知识点有贯通之处。2014年，兰州理工大学甘甜的《河西走廊地区新型农村社区设计初步研究》，以武威市凉州区高坝镇同益村为设计典型案例展开，试图从传统乡村聚落和民居生活的特点入手，分析和研究中国传统乡村聚落文化的根源，以及其对乡村聚落环境和传统民居生活产生的影响，总结乡村聚落形成的一般规律，进而研究现代乡村聚落的变迁，包括农村社会变迁所引起的农民生活、生产方式的改变和由此引发的当前乡村住宅建筑及聚落环境的不适应，从中找寻新型农村社区的一般设计特点和发展目标（表1-1）。

相关河西走廊生态、地域建筑部分的研究现状
（以近20年知网的主要统计内容为研究对象）　　表1-1

年限（年）	相关专著	期刊（包括论文集）	硕士论文	博士论文	共计（篇）
1900~2004年	2	5	—	1	8
2004年	2	3	3	—	8
2005年	—	—	—	1	1
2006年	—	2	3	—	5
2007年	1	—	—	1	2
2008年	—	1	1	—	2
2009年	—	3	1	—	4
2010年	1	2	2	—	5
2011年	—	1	—	—	1
2012年	1	1	—	—	2
2014年	—	—	2	—	2
2015年	—	—	—	1	1
共计	7	18	12	4	41

总之，从近25年的学术研究图表来看，相关河西走廊地区生态建筑的专项研究相对于其他地区的建筑学科研究是十分稀少的，对于河西走廊的研究并未呈逐年递增的研究趋势，反而是跳跃式的研究状态，博士课题对于河西的研究更是寥寥无几。从上面论文展开角度的分析，能够看出本课题研究现状主要

存在的突出问题有以下几点：从历史地理学研究角度而言，河西走廊当下取得相当一部分可喜的研究成果，另外从建筑学的角度也能看到一些针对实地案例的地域建筑形态的分析研究，而恰恰缺乏以生态与地域建筑相结合的研究方式，分析地域建筑的文化形态。因此，有必要展开河西走廊地域建筑全盘式的文化形态分析，对河西走廊生态环境下，所产生的固有建筑形态进行辩证论述，从相关建筑史学思维角度展开，针对当前河西走廊对地域建筑与现代建筑的传承等方面提出新的建筑文化观点，从而突破建筑历史的研究仅停留在建筑构造与技术的单一层面。

四、文献分析

通过对丛书、学术论文、硕士博士论文的上述分析可以看出，以往关于河西走廊地域建筑的研究著述数量相对匮乏，以某一时期、某一方面或某一局部的个案研究居多，使得学术论文基本介于建筑或城市规划方面地域性实践案例的运用研究，是当下西北地域性理论与实践研究的一个层面。将河西走廊作为一个特定的区域，立足于其母体生态环境，进行地域建筑艺术文化形态研究的成果尚未见到。虽也有从生态视野论述河西走廊的著作和文章，但多数是带有科学数据的介绍性和综述性的量化研究，在一定层面上，研究内容完全背离了建筑艺术专业的核心本质。反之，转换角度也可以将现有的研究阶段，理解为相关交叉学科的研究内容，为本课题的开展提供基础数据的变量研究。尤其在中国生态现代化报告中，提出中国生态现代化的三个安全格局，首先是中国生态现代化的资源安全战略，其次是中国生态现代化的能源安全战略，最后是中国生态现代化的环境安全战略。面对中国生态现代化安全格局的战略部署，需要积极配合地方进行生态环境全方位的相关领域研究。本课题从生态环境角度解析地域建筑属于学科的交叉，更响应于“生态现代化”环境安全战略的范畴和理念。

综上所述，根源于地域情结的西北地域文化，其在地域建筑延展与外化等研究方面少有设计理论性成果，尤其从建筑美学、文化环境学角度展开的西北地域性研究目前尚未见到。本书定位于河西走廊环境生态的地域建筑“走向”，一方面梳理其走向是从东到西，还是从西到东的交融与碰撞；另一方面是地域性文化的纵深研究，强调本土化建筑的走向问题。截至目前，西北地区的甘肃尚未见到以河西走廊生态地域文化设计为先导的，地域文化设计理论专项著作出版，属于甘肃河西走廊段建筑领域研究相对缺失的范畴。本研究课题将在相关研究的基础之上对地域建筑的流变走向进行专项研究。

第三节　范围、重点与切入方法

一、范围与重点

关注河西走廊地域建筑，不能脱离河西走廊人文生态研究的地理范围，主要是围绕东起天祝县向西至敦煌与新疆东部交界之处，南北包括北靠内蒙古高原南缘隆起的走廊北山，南依祁连山山脉，整体形式是南北夹峙所形成的狭窄陆地走廊，从地理区位划定河西走廊沿武威、张掖、酒泉至敦煌段为研究范畴，以具有典型地域特征的堡寨类建筑为此次的研究对象。

本书在总的研究范畴前提下不脱离以下两个基本点：

（1）从地域生态变化的微观角度联系地域历史建筑作为研究角度切入，研究的重点在于生态视域下地域建筑的流变过程，从建筑学科的角度挖掘和整理地域建筑的城市人文生态观念，阐述地域建筑聚落形态与人文生态之间的关系，关注生态视域下地域建筑的人文生态。

（2）梳理地域建筑的历史演变，联系性地研究古建筑的历史流变波段，从中寻找建筑的文化根基。论证地域建筑在历史流变积淀外化后的外在表现，确立地域建筑的形态特征，通过地域建筑形态的比对分析研究河西走廊地域建筑的走向问题。

二、思考观点

从环境生态变化，以及地域性、历史性建筑的研究角度切入，研究的重点在于生态性地域建筑流变论证的确立。以追溯现代建筑外在特征的“前世今生”作为文章的主线，运用建筑美学、建筑哲学范畴和人类文化学的研究方法，立足于建筑学科的角度挖掘和整理地域建筑的城市生态美学观，阐述地域建筑的聚落形态与人文关系，注重于生态化地域建筑的文化安全性启示。

经过查阅资料，目前只是将生态环境与地域性历史建筑二者建立在两条平行主线上的纵深研究，从学术研究领域来看，更多地停留在两条平行线不相交会的论题，而缺乏本课题有机联系的横向研究。本课题的突破点是，从意识形态上落实地域性建筑对我国本土文化所起的借鉴和指导作用，同时确定地域建筑的设计形态方法，研究在实际运用中的可操作性，指出当前地域建筑渊源的演进走向，为当下设计领域的创新性工作服务。

三、研究方法、研究手段及可行性分析

1. 研究方法

（1）以河西走廊“东与西”双向历史的交融与碰撞为研究内容，立足于河西走廊地域建筑特征与生态要素之间的相互关系，明确河西绿洲地域建筑与生态之间紧密的人文生态关系，从基于地域建筑人地关系的视角，以自然生态为主、人文生态为辅。客观、全面地分析河西走廊生态与地域建筑流变的生发关系，以及未来的演变走势；挖掘和整理地域建筑形态意识主流。

（2）本研究课题需要从客观角度出发来论证丝绸之路段——河西走廊生态与地域建筑特性的走向，以及如何传承中国传统地域文化建筑的精华。基于客观的生态环境生发点，对地域建筑所传承的中国文化意识流趋势进行传承性解剖，生发出符合时代发展的因素，并作用于设计领域的可行性设计思路。

（3）以河西地域风格的建筑及景观实践作品，和相关的研究基础进行生态性地域建筑的深度剖析，认真梳理当代城市地域建筑文化的根源，依托人居环境科学，掌握人类聚居发生发展的客观规律。

（4）将历史建筑的意识形态置入当下的地域建筑及景观领域中，将历史风格延续在人文生态环境中，通过分析得出可行性理念，对今后的社会实践产生理论性的正确指导。

技术路线：根据研究内容存在的方向→查找相关河西走廊历史文献→田野考察、问卷访谈→数据测绘比对→田野影像、数据汇总分类→运用建筑历史、建筑文化和视觉艺术分析，跨界研究建筑学与美术学科的交叉领域→征询相关领域专家→论证确定研究内容。

2. 研究手段

（1）建筑史学方法：借助国家图书馆、省图书馆、高校图书馆进行资料的梳理和查阅，从而梳理出目前西北地域建筑已有的研究现状，研究传统建筑哲学在地域建筑中的体现；以及中国传统文化的重要特色，在地域建筑中的外化。

（2）建筑美学方法：建立在建筑学和美学的基础上，研究西北地域建筑的审美问题。

（3）建筑“田野”调查：注重资料的原始性与实证性。一方面，在河西走廊段实地考察具有地域主义的设计实践案例，对现场拍摄的图片进行整理及绘制相关图例；另一方面，寻找第一手直接资料，对本课题进行佐证，梳理人文意匠对主流意识形成的作用及影响。

（4）建筑分析方法：在地域建筑美学理论基础上，作地域建筑形态分析，结合具体案例、引证相关文献资料进行辩证分析，明确河西走廊地域主义设计形态的特征范畴，为得出课题研究结论做出大量案头工作。

（5）图像学方法：对所收集的图像资料进行解读、深入分析，提出具有独特视角的看法。

（6）案例研究法：建筑环境艺术专业属于实用美术的范畴，本人在实践中也参与完成了许多相关案例，大量的实践经验可以深入细化研究对象，提出现象学研究方面的专业解析。

第四节 创新

创新与成果

（1）通过河西走廊时间流变与空间变化所产生的客观展示，启示传统农耕建筑的衍生机理模式，发现河西走廊本原文化与人类生态环境之间的联系，寻求河西居住行为方式所产生的文化差异。以本土文化的生活方式、生活习俗和宗教信仰的文化结构为主线，运用新的方式解读与阐释本土文化在新时代建筑领域内的生发；注重现代城乡发展区域人文乡土与人文设计发展的应用价值。本课题立足于丝绸之路文化线路与地域建筑文化角度解析和探讨河西人地时空演变特征，响应于生态现代化环境安全战略的理念，以及丝绸之路文化带中保护与建设区域的生态文化传承可持续的发展观念。

（2）当今中心城市发展处于荷载危机之中，随着城乡一体化的快速扩张，村镇处于前现代或工业化改造阶段，致使生活的农耕建筑不容置疑地急需改变，现代生活方式与农耕建筑之间的矛盾日益升级，面对后工业化信息时代所造成的社会文化分布的不平衡，为打造现代城乡一体化生活中的地域农耕建筑，需要进一步探讨和关注地方本土文化，面对区域生态、建筑生态以及文化传承的路径抉择问题，使地域建筑衍生机理趋向于河西人地生态发展的合理化延伸与再生。

（3）以甘肃丝绸之路段——河西走廊生态与地域建筑为研究基础，最终明确河西走廊在历史交融与碰撞中地域建筑文化的“走向”问题，确立甘肃城市生态美学的审美依据。明确全球化视野下河西走廊地域建筑与现代建筑的关系，也突出本土建筑的独特性；整理甘肃河西地域建筑的文化安全启示。在研究河西走廊地域建筑设计文化形态中，确立传统与革新、时代与地情的问题，透彻理解建筑与其所在的生态环境、时代特征、社会文明的相互联系，从产生的历史条件、地理环境、生活习俗、技术体系等诸多源流中寻找本土建筑文化本原的生命力。

（4）突破单个聚落研究的局限性，在地域生态环境的基础上，强调地域建筑的共性特征是地域的形态特征。

注重实地建筑调查采访，从人类文化学、建筑文化哲学、建筑史学、建筑美学、现象学、符号学等交叉学科对地域主义建筑史学思维进行研究论证，从而得出科学可信的结论。从另一方面，本论文注重“走向”研究，也是在建筑领域纵深发展中寻求新的生发点，是社会机能新旧延续的有机关系，具有一定的挑战性。

（5）以建筑美学为研究目的，甘肃丝绸之路段——河西走廊生态与地域建筑的流变走向，侧重于研究传统建筑保护的传承与外化，其目的将本土建筑传承的内涵与中国现行的设计文化相对应，研究二者之间的文化渊源及其联系性，剖析地域主义所强调的场址、地形、地貌在建筑设计中运用的方式、方法，以及哪些方面保持了现代建筑的进步和解放的思想。解读中国当下的建筑实践，从而辨别哪些理论更具有借鉴与指导意义，哪些远离中国现实国情，而不是停留于折中主义或是复古主义的迷障之下。以审视的目光追寻本土建筑设计应具有的价值。

本书创造性成果在于研究发现以什么式样的建筑形态来传承本土建筑的内涵，以河西走廊生态与地域主义的本土建筑为典型，从设计角度透彻解析本土建筑的审美走向问题。时代进步是阶段性的发展成果，每一个阶段都在自身的完备过程中起到关键作用，只有各种思想交融汇聚，才能正确认识时代问题，以及正确认识发展中的“优与劣”（图 1–1）。

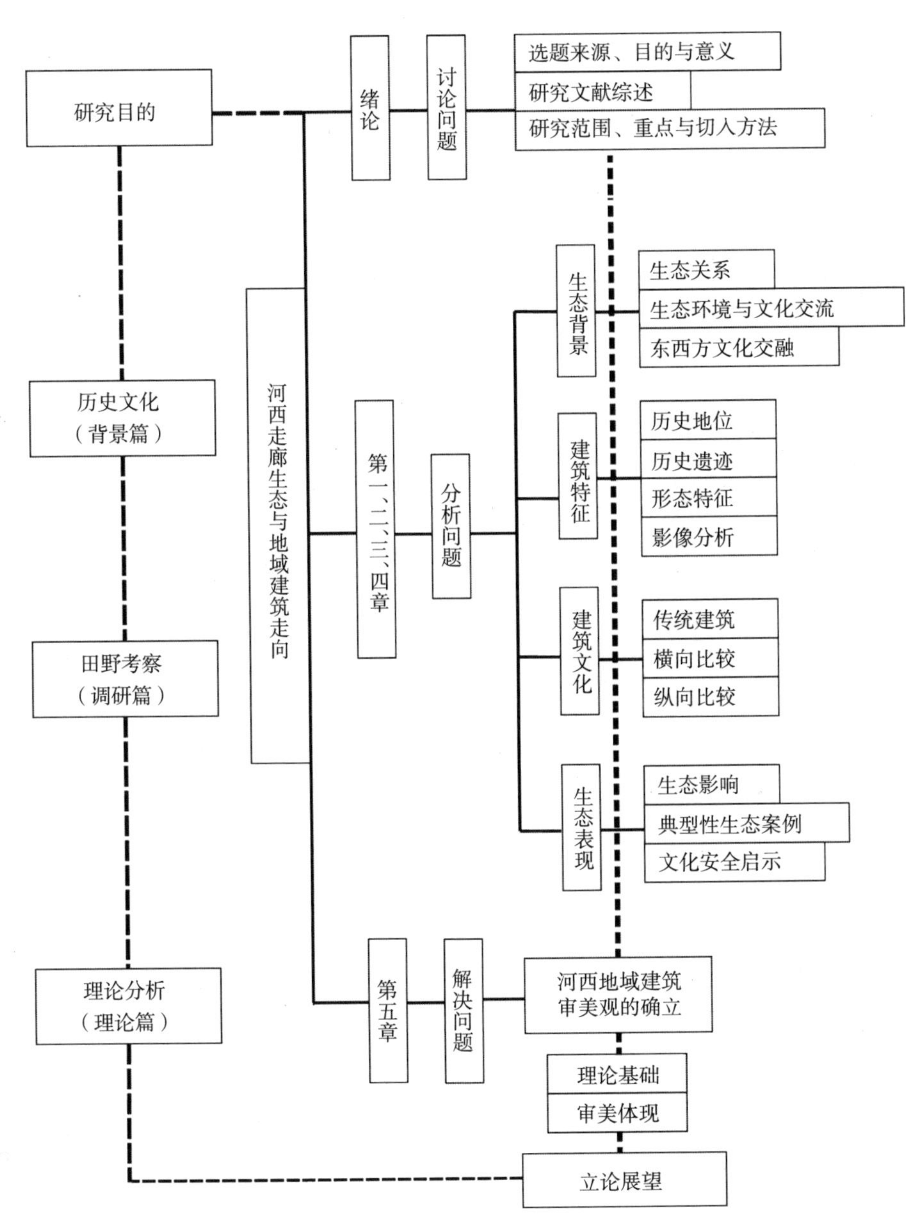

图 1-1　研究理论框架图
（资料来源：作者自绘）

第二章 河西走廊人文生态因素对地域建筑的影响

丝绸之路最初是德国人李希霍芬（Ferdinandvon Richthofen）对中国地貌与地理进行大规模考察与认知，出版了《中国，亲自旅行和研究成果》（China，Ergebnisse Eigener Reisenunddasauf Gegrundeter Studie，1877~1912 年），随后其学生瑞典人斯文·赫定（Sven Hedin）、俄国人尼古拉·米哈依洛维奇·普尔热瓦尔斯基（Nicholas Przwevalsky）、英国人斯坦因（M·A·Stein）、法国人伯希和（Paul Pelliot）等一批探险考察队，对中国西北地区进行了文化考察劫掠，并出版了大量的考察著作，使丝绸之路闻名于世。经过实地考察后发现，由于古代频繁的使节往来、宗教传播、商品交换和文化交流形成了后世大量的历史遗存，不同的文化篇章也显现出，古代亚洲东部地区和地中海之间，存在着上千年的历史交通要道（图 2–1）。在这样的文化、政治、经济的前提下，河西走廊所处的历史地位不言而喻。

研究河西走廊地域建筑，不能脱离历史的人文支撑，以贯穿历史文化传承为载体的地域建筑，在地方的启示上具有得天独厚的表现意向（图 2–2）。本文最初的研究意向鉴于对《敦煌山庄》建筑群历史脉络探源的思考，从而展开逆向型的思考推导方式，有必要全面展开该地域建筑生态文化的全面思考；同时，新中国成立后，关于丝路学的研究和多方的田野考察成果，表明以中国为主体的东亚文明，是一个至少在一两万年前，甚至一二百万年前就已经独立的

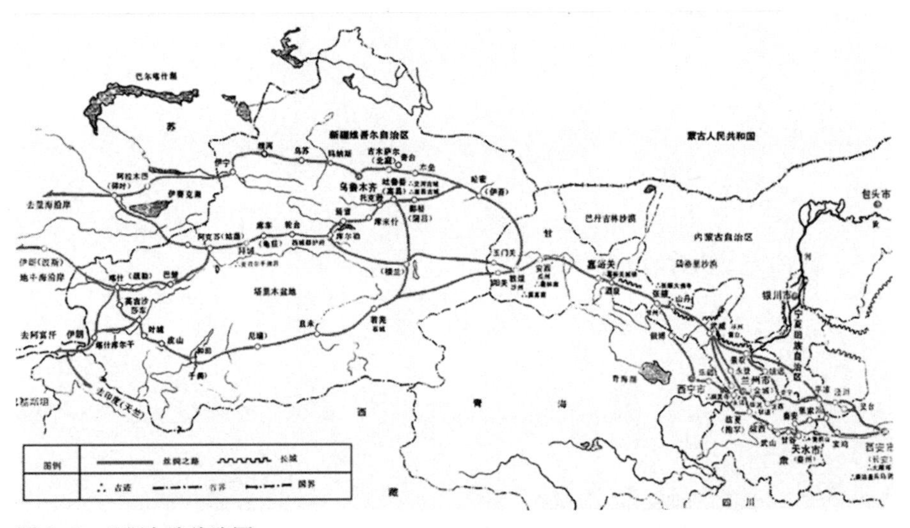

图 2–1　丝绸之路线路图
（资料来源：网络）

图 2–2　伊藤忠太的“西方文化陆上传播图”
（资料来源：布野修司《亚洲城市建筑史》）

生态环境[1]，因此在其独立的发展过程中，从生态环境的地域条件分析，地域建筑的脉络生长，是确定河西走廊生态地域建筑走向的根本之所在。研究河西走廊的地域建筑，必须从河西的建筑遗址风格与地域环境的生态关系，河西人文生态环境的社会因素，以及丝绸之路东西方文化的交融关系入手。

第一节　河西建筑遗址与地域环境的生态关系

一、河西走廊地缘历史溯源

甘肃古属雍州，是我国西北地区古代丝绸之路的咽喉之地及对外贸易的黄金地脉。形成于上秦时期的丝绸之路，被称之为连接欧亚大陆的文化交流动线[2]，丝绸之路的命名来自于西方，德国地理学家李希霍芬 1877 年在他的巨作

[1] 钱云，金海龙 . 丝绸之路绿洲研究 [M]. 乌鲁木齐：新疆人民出版社，2010：5.

[2] 古代和中世纪从黄河流域和长江流域，经印度、中亚、西亚连接北非和欧洲，以丝绸贸易为主要媒介的文化交流之路。见：林海村 . 丝绸之路考古十五讲 [M]. 北京：北京大学出版社，2006：4.

《中国》中，首次使用了 Seidenstrasse（丝绸之路）。丝绸之路甘肃段由东向西又依次分为：陇东地区，天水地区，陇中地区，陇西地区，河西地区。在丝绸之路的形成与发展中，河西走廊的意义与发展是非同寻常的。专家学者点评："河西走廊地处黄土高原农耕区与青藏高原游牧区交错过渡的地带，它在我国中原文化和西亚文化、南亚文化的汇合点和撞击点上，是古代中西方文化交流的中继站，也是个汇合点，既是丝路交通枢纽，也是文化交流和民族融合的舞台，其中延伸的丝绸之路则是我国与中亚、南亚各国进行交往的大动脉。而在地貌上是连接甘肃和新疆的一个走廊型的通道。这一文化走廊，东与我国黄河流域的文化带相连接，西与伊朗、阿拉伯世界相往来，形成了一条影响十分深远的文化走廊"❶。丝绸之路与河西走廊是形影相随的一个概念，提及丝绸之路，必然联系到河西走廊，同样河西走廊也离不开丝绸之路构架，2000 多年来，这条通道不仅是中原地区与西北边疆地区商贸与文化交流的通道，也是东西方信息、文化、艺术交流融合的场所，留下了独特的地域文化特征。

河西走廊，中外称呼略有不同，国外称之为甘肃走廊（Gansu Corridor），我国称之为河西走廊，是中国内地通往新疆的要道。东起乌鞘岭，西至古玉门关，南北介于南山（祁连山和阿尔金山）和北山（马鬃山、合黎山和龙首山）间，长约 900km，宽数公里至近百公里，为西北—东南走向的狭长平地。河西：河，黄河；黄河以西，河西。《汉书 · 武帝纪》载："元鼎六年……乃分武威、酒泉地置张掖、敦煌郡，突民以实之。"初置四郡，隔绝南羌、匈奴。从西汉开始，河西概念发生动摇，河西走廊有两个含义，一是指洛河与渭河交汇处的一小块地区；二是指今甘肃河西走廊一带。到了东汉，河西仅指今河西走廊一带，三国、魏晋、南北朝一直延续这一用法。《新唐书 · 方振表》载："景云元年，置河西诸军州节度……领凉、甘、肃、伊、瓜、沙、西七州，治凉州"。《旧唐书 · 地理志》载："景云二年……自黄河以西，分为河西道"❷。由以上分析可知，河西在历史变迁中几经变化，但河西走廊的地域范围，大多没有超过古属雍州的范围。❸由此可知，古时河西泛指流经河套平原的黄河流域及以西的广大地区，与现辖区范围相同，丝绸之路由兰州往西，经凉州（武威）、甘州（张掖）、肃州（酒泉）、沙洲（敦煌）等地。如今河西走廊的行政区划包括武威、

---

❶ 切排 . 河西走廊多民族和平杂居与发展态势研究 [M]. 北京：人民出版社，2009：2.
❷ 齐陈俊 . 河西史研究 [M]. 兰州：甘肃教育出版社，1989.
❸ 切排 . 河西走廊多民族和平杂居与发展态势研究 [M]. 北京：人民出版社，2009：9.

张掖、酒泉、金昌、嘉峪关五市，总土地面积 28.14 万 km^2，占甘肃省总面积的 60.4%，总人口约 413 万，占甘肃省总人口的 18.83%。

河西之所以成为丝绸之路的重要组成部分，主要源于河西走廊多种地理因素综合作用的结果。河西地带是亚洲大地构造中的天然孔道，玉门关现还有前寒武纪的岩石露头，向东行，敦煌、安西、嘉峪关地貌形态展现在眼前。通往西域的丝绸之路，完全穿行于开阔的、劲风横扫的、雅丹地貌点缀的荒漠之中。河西走廊占地理区位整体狭长之势，在丝绸之路的行程中必然成了重要的交通要道。久远而漫长的丝绸之路途经河西，必然为河西走廊文化交流往复的繁荣，带来各民族的互动与民族文化的整合。

从地理环境等方面梳理建筑脉络走向，河西是依靠历史生态环境而逐渐变化的，人类聚落为适应生存环境，随着地形依山就势繁荣，同时也随人文环境的变化而变迁。甘肃河西走廊自古为内陆交通贸易的窗口，也是金戈铁马的古战场，历史的长河印证了千余年来的起伏变化，也使村落与古镇几经兴废，历史的画面呈现的是水系变迁使绿洲与荒漠交替，亦使许许多多古聚落湮灭于沙堡废墟之下。今天甘肃河西走廊的地域建制相比于古时，能看出历史繁盛时的盛况，古文化遗址 76 处，古城址 98 个，明代长城沿线城堡 46 个，高台辖区明代城堡 33 个，重要古城古迹 19 处，总数达 276 个。现状是县级以上市镇 20 个，所有建制镇 57，总数 77 个[1]。大规模遗址的数据说明，河西走廊历史人文发展的变化主线未能逃离丝绸之路文化交融的框架范畴，明确生态绿洲文化在城池的兴废上起决定作用。

二、河西走廊地理气候学的原生态特征——适建与宜居

甘肃省属于深居内陆的温带季风气候，自东向西划分为 4 个气候区，分别为陇南山地亚热带和暖温带湿润气候区，东部和中部黄土高原半湿润半干旱气候区，祁连山地域甘南高原高寒暖温带半湿润气候和高寒阴湿气候区，其中河西走廊和北山山地属于温带干旱气候区。按地貌形态特征及其结构成因可分为陇南地区，陇中和陇东黄土高原，甘南高原，祁连山地，河西走廊和河西走廊以北地带。河西走廊属于大陆性温带干旱气候，夏季酷热，冬季严寒，春秋季风横扫，降水量小，蒸发量大。河西走廊部分地势平坦，机耕条件好，为戈壁绿洲的宝地，河西以北地段，即北山山地，靠近腾格里沙漠和巴丹吉林沙漠，风高沙大，荒漠连天，

---

[1] 马鸿良，郦桂芬 . 中国甘肃河西走廊古聚落文化名城与重镇 [M]. 成都：四川科学技术出版社，1992：1.

难以耕作。祁连山地在河西走廊以南终年积雪，冰川逶迤，是河西走廊的天然固体水库，植被垂直分布明显。河西走廊的地域建筑和生态环境的特点，其概念反映了河西早期的生存状况，其地理地势使河西走廊狭长的东西地缘生态环境多变而复杂，南北区域板块反差大，形成陇东南的生态绿化区，以及由东向西越来越现干旱少雨的极干旱沙漠区。特殊地缘产生的人地关系滋生了不同的生活模式与行为方式。摩尔根说："住宅建筑本身与家庭形态和家庭生活方式有关，它为人类由蒙昧社会进至文明社会的过程提供了一幅相当全面的写照。"[1]

1. 半穴居

半穴居是在地面挖掘竖穴，而后覆木结构支撑顶盖的建筑形式。相比简单利用天然洞穴的穴居方式，半穴居由于居住空间与室内通风，日照采光与自由地形结合等方面优于穴居形式，因此河西聚落经历穴居生活后，在能够自行营造建筑之前，半穴居建筑成为河西地区发展的重要阶段（甘肃仰韶文化）。

河西走廊早期的半穴居地理环境选址特征：

（1）地处河西祁连山北麓的土质山坡地带，为坚实有黏性的黄僵土质，土层深厚，适于挖穴而居，且稳定、不易坍塌。

（2）较深的地下水位使地表土层经常处于干燥状态。

（3）沿祁连山分布，南盆地[2]地势较高，满足穴居居住需要高于地面，到河流取水的特点。

河西走廊早期的半穴居建筑，正是适宜了生态地理环境的需求特征，使得半穴居建筑得以充分发展。

2. 河西走廊建筑环境的用材特点

随着地域建筑的发展，对材料的需求是城址发展的基本需求，河西绿洲地区木材资源丰厚，相比于戈壁滩的沙石，更易就地取材，而且由于干旱的气候条件，使木材便于保存较长的时间，因此土木结构，满足了河西干旱半干旱气候下的建筑功能特点，"因天材，就地利"的古聚落，必然形成建筑群落依山傍水的形态特点，城址的建制不需中规中矩，而呈现多种多样的形制。《管子·度地篇》："内为之城，城外为之郭"。在河西考古挖掘的不少古城址，常常是小城于内，大城在外，完全符合古已有之的，造城建郭的规划理念。

---

[1] 摩尔根 . 古代社会 [M]. 北京：商务印书馆，1977：5.

[2] 沿祁连山分布的、位于三大内陆河水系中游地区的盆地，统称为南盆地。马鸿良，郦桂芬 . 中国甘肃河西走廊古聚落文化名城与重镇 [M]. 成都：四川科学技术出版社，1992：14.

3. 河西土质分布和土墙设施的地域化特点

河西走廊属于祁连山地槽边缘凹陷带，土质主要为沙夹石、黏性土、盐渍土和湿陷性黄土等，绿洲面积占 9.27%，沙漠占 15.9%，戈壁占 57.35%，盐渍化土地和荒漠草地占 17.6%[1]。喜马拉雅运动时，祁连山大幅度隆升，走廊接受了大量新生代以来的洪积、冲积物。自南而北，依次出现南山北麓坡积带、洪积带、洪积冲积带、冲积带和北山南麓坡积带。走廊地势平坦，沿河冲积平原形成武威、张掖、酒泉等大片绿洲。其余广大地区以风力作用和干燥剥蚀作用为主，戈壁和沙漠广泛分布，尤以嘉峪关以西戈壁面积广大，绿洲面积更小。因其沿岸沙质平原上灌丛植被的破坏，以及西北风的作用，导致沙漠化土地不断前移,因此才有了当今沙丘中遗留的不少明代城堡遗址的考古发现（表 2-1）。同时，因其土质原因，很多古遗址聚落在选址上多为平川之地。河西古城土墙设立于平坦地区有史料为证，如《甘肃考古记》中明确沙井遗址土壁为防御性功能，并且分析土壁存在的理由，是因为建筑聚落选址地势平坦之故，起堡垒性功能的同时兼具防风沙侵袭之功用[2]。还有三角城遗址测定墙壁泥垒痕迹明显，墙壁和基底均未见夯打痕迹，泥垒与夯筑方式的不同，说明游牧经济社会（逐水草而居）的城与以农业经济为主的城郭存在本质不同的概念[3]。

河西土质分类特点　　表 2-1

	河西地区的土质分类特点	河西地域表现
1	以风蚀地貌为主的沙土景观[4]	如锁阳城、白旗堡和桥湾城等
2	以新月形沙丘及沙丘链为主的沙漠景观	如民勤的西沙窝、武威的高沟堡和张掖的西城驿等
3	靠近一些河流沿岸呈现出灌丛沙堆与新月形沙丘、沙丘链同时并存的景观	如民勤三角城、花海破城子[5]

[1] 郭平. 河西走廊水文地质特征简介 [J]. 发展，2001（9）；李并成. 河西走廊历史时期沙漠化研究 [M]. 北京：科学出版社，2003.

[2] 马世之. 关于春秋战国的探讨 [J]. 考古与文物，1981（4）：93 中认为“城市与原始聚落的不同之处在于城垣代替沟壕”。

[3] 马鸿良，郦桂芬. 中国甘肃河西走廊古聚落文化名城与重镇 [M]：成都. 四川科学技术出版社，1992：18.

[4] 即以黏土和砂质粉土为主的地区。马鸿良，郦桂芬. 中国甘肃河西走廊古聚落文化名城与重镇 [M]. 成都：四川科学技术出版社，1992：14.

[5] 马鸿良，郦桂芬. 中国甘肃河西走廊古聚落文化名城与重镇 [M]. 成都：四川科学技术出版社，1992：15.

4. 适建与宜居

河西走廊，位处南部青藏高原与北部蒙古高原的交界地带，在乌鞘岭以西，祁连山和龙首山南北山体夹持，河西走廊山地的周围，由山区河流搬运下来的物质堆积于山前，形成相互毗连的山前倾斜平原。在较大的河流下游，还分布着冲积平原。这些地区地势平坦、土质肥沃、引水灌溉条件好，便于开发利用，是河西走廊绿洲主要的分布地区。

形成中部地势平坦，且完整、狭长的一个地貌单元，常年日照、水源的充足与充沛，为放牧提供了良好的地理条件，同时平整的地表与祁连山冰川融水所提供的水系资源都为发展农业创造了良好的条件，冰川资源成为当今难能可贵的绿洲之源（表 2–2）。河西走廊 50 多条内陆河均发源于祁连南山，均衡的河流排布使祁连山沿北麓绿洲相连，内陆河最终集结为互不相连的石羊河、黑河、疏勒河三大水系，形成了武威—民勤、张掖—高台、酒泉—金塔、玉门—安西、敦煌等系列生态绿洲，绿洲为宜居的城市提供先天的生态环境条件。如今有 15 座市县级城市直接滨河或引水干渠而建，形成了以敦煌、嘉峪关、酒泉、张掖、金昌、武威为中心的城镇密集区，农村人口稀少的城镇格局。河西自然生态环境对民居的建筑分布产生了很大的影响，民居建筑主要分布在绿洲之上大大小小的城镇和乡村聚落中。

河西走廊的水资源状况 表 2–2

<table>
<tr><td colspan="3">冰川资源形成五大河—— 黑河、陶赖河、疏勒河、大通河、布哈河</td></tr>
<tr><td>1</td><td>石羊河流域（东部为武威的永昌平原）
位于走廊东段，南面祁连山前山地区为黄土梁峁地貌及山麓洪积冲积扇，北部以沙砾荒漠为主，并有剥蚀石质山地和残丘。东部为腾格里沙漠，中部是武威盆地</td><td rowspan="3">三大水系</td></tr>
<tr><td>2</td><td>黑河流域（中部为张掖、酒泉平原）
东西介于大黄山和嘉峪关之间。大部分为砾质荒漠和沙砾质荒漠，北缘多沙丘分布。唯张掖、临泽、高台之间及酒泉一带形成大面积绿洲，是河西重要的农业区。自古有“金张掖、银武威”之称</td></tr>
<tr><td>3</td><td>疏勒河流域（西部为安西、敦煌平原）
位于走廊西端。南有阿尔金山东段、祁连山西段的高山，山前有一列近东西走向的剥蚀石质低山（即三危山、截山和蘑菇台山等）；北有马鬃山。中部走廊为疏勒河中游绿洲和党河下游的敦煌绿洲，疏勒河下游则为盐碱滩。绿洲外围有面积较广的戈壁，间有沙丘分布碱滩。绿洲外围有面积较广的戈壁，间有沙丘分布</td></tr>
</table>

在这样的自然生态环境下，很自然地发展成为两类聚落类型，一类是以冲积扇及古河道为相对定居点的游牧民族，另一类是以冲积扇前缘地下溢出水地带为分布的农耕民居。摩尔根在《古代社会》一文中写道："……在中级野蛮社会中，开始出现了用土坯和石头盖造的群宅院，又似一个碉堡。但到了高级野蛮社会，首次出现以环形垣垒围绕的城市，最后则围绕以整齐叠砌石块的城郭"[1]。说明古代聚落发展至城镇，是由简单到复杂，由组变群，由小到大的发展脉络趋势。而走廊中独特的绿洲农耕生态状况，主要取决于人类适居条件的变化，如人类在学会凿井取水的方法后，便可相对自由地搬迁至较高地段，以取得更干燥和安全的适宜人类居住的场所,向更为繁盛的群居城市的方向发展。当然，河西的宜居也完全不能脱离河西走廊历史阶段，由多民族的宗教、民俗、语言等共同造就的特殊人文生态环境。

在生产条件充足的条件下，适建与宜居的建筑，在与地域的环境结合中，必然达成协调、合理的配置。河西依然处于风沙大、气候干燥、降雨量有限、冬日寒冷等自然条件下，相形之下近代至今的许多平民住宅，仍是由单坡的土屋围合而成院落，尤其在沙质沉积物为主的疏松深厚地区。四周为封闭、围合的天井院落，外墙不设门窗，其建筑的特殊形式，完全适合河西的自然生存条件，免于风沙与人兽的伤害，因此现代建筑依然不能逃避地理环境气候的特点，无论从社会环境和文化意识上，都应该积极保留和延续封闭堡垒的外观以适应地域气候特点。本文在后续篇章中会重点解析，现代河西优秀建筑与旧有传统堡垒建筑之间的形态关系。

三、河西走廊黄河流域中上游建筑文化遗址群

河西走廊因其构造体的独特性被誉为三大走廊之一，[2]其共同点在于兼有民族的流动性，这种特性印证了费孝通先生所言"各美其美，美人之美，美美与共，和而不同"的文化自觉性。[3]有着悠久历史的甘肃河西走廊，是世界文明古国的重要组成部分，长期以来，在这块古老土地上为生活相互依存的多民族，共同创建了河西走廊，沿线众多的古聚落、名城名镇。从多处古遗址的挖

---

[1] 摩尔根 . 古代社会 [M]. 北京：商务印书店，1977：257.

[2] 三大走廊指河西走廊、藏彝走廊和南岭走廊。切排 . 河西走廊多民族和平杂居与发展态势研究 [M]. 北京：人民出版社，2009：11.

[3] 河西走廊多民族和平杂居与发展态势研究 [M]. 北京：人民出版社，2009：11.

掘与探测，能清晰看到河西走廊古城地理学自然演变的历史轨迹。各个历史时期形成的城市、古城、寨堡和长城、烽火台等系列古遗址，都证明了河西走廊重要边防的军事地位，古时金戈铁马的古战场与文化交流的繁荣两相消长。在源流的解释上河西走廊各分布点也不能例外于城市起源的典型，即多为先出现防御要塞，之后塞外边关市场逐渐繁荣，在交替中两者逐渐形成城市雏形的发展方式，其形式同于我国古代对“城”的定义：“筑城以卫君，造郭以守民”，由此显示了边关防御要塞的地域文化重要性，可以通过分布于茫茫戈壁深处的古城堡文化遗址，凭吊怀古和展望未来。同时，河西城镇在依附地方政治背景繁荣发展的同时，最主要的是有地方贸易的支撑，才足以支持大型城市的生存和发展，二者之间存在紧密的关系，因此河西居于西北要塞和丝绸之路贸易边关的特性注定形成历史的繁荣。

1. 早期河西走廊文化

（1）甘肃仰韶文化[1]晚于仰韶文化，由此表明仰韶文化是由中原地区发展而来，由于河西所处地理位置特殊，致使经济文化与中原存有一定的差异，在房屋建筑的表现上也有所不同。仰韶文化时期，河西聚落建筑所居之地海拔高，气候寒冷，集中于河流两岸的先民更适宜游牧民族生活。不同于自然地理条件更优越的中原一带[2]，仰韶文化建筑形制可分为：圆形半地穴式、圆形地面式、方形半地穴式、方形地面式、方形地面连接式五种类型，黄河流域仰韶文化，经由穴居—半穴居—地面单间建筑—地面多间建筑的发展序列[3]。河西走廊的挖掘遗址表明房屋会有一层拌泥羼和红胶泥的硬面，可能与当时寒冷气候有关，类似于游牧民族的帐篷形制，房屋中有一根粗木柱，并在房的四隅各有一根对称木柱，中间设圆形灶址，有一门通向室外。

（2）齐家文化[4]处于“铜、石”并用或早期的青铜时代。通常以绿洲中的河旁台地聚落遗址居多，以武威的黄娘娘台为代表的建筑形制多为“白灰面”住房，原因是用于防绿洲中部地下水位浅而造成的潮气。根据发掘遗址可知居住点密集，且面积宽广，大多为方形、长方形半地穴式建筑，屋内多有白灰面，

---

[1] 仰韶文化形成于距今约 5000~7000 年的中国新石器时代。

[2] 石器时代遗存挖掘，陕西沣河中游沿岸，其密度约与现代村落相等，遗址大的几十万平方米，最大的如华西关堡、咸阳伊家村可达 100 万 m^2，而河西所属的三角城 20 万 m^2。切排 . 河西走廊多民族和平杂居与发展态势研究 [M]. 北京：人民出版社，2009：2.

[3] 杨鸿勋 . 仰韶文化居住建筑发展问题的讨论 [J]. 考古学报，1975（1）.

[4] 齐家文化约出现于公元前 2000~ 前 1900 年，属新石器时期文化。

光洁坚实；同时，室外筑有炉灶，周围有圆形、椭圆形、方形窖穴环绕。建筑形制亦有所突破，构筑的居住面，门大多向南开设，其聚落遗址特点在于以绿洲为中心的建筑营造，其遗址形态表明自然绿洲形成约有 4000 年历史。

（3）沙井文化[1]是河西走廊地区的本土文化，属青铜时期的文化。分布范围均在民勤、金昌、永昌境内，民勤县的沙井子村至金昌市三角城一带为古聚落遗存分布的中心区域。根据遗址灰层少的现象，确定了河西沙漠化土地形成乃是干旱气候使然，在历史时期形成的沙漠化土地后期，更多的是灌溉水源的人为因素引起沙漠化显著加剧。根据民勤三角城遗址与文献推断[2]，青铜时代已有石筑城墙，其特点是城址高亢，且城基狭小，便于瞭望、观察所辖村寨与聚落。经济形态以畜牧业为主，决定了其城郭多依自然地势，用泥巴垒砌土墙相围。聚落以圆形和椭圆形平地建筑为主，复原图形似游牧民族锥形顶蒙古包式房屋，其中圆形地面无柱洞。月氏族遗存的沙井文化是河西土生土长的古老民族文化，其以游牧为主要生活方式，其建筑形式是毛毡帐篷。[3]柳湖墩遗址发现环形土墙居住地，直径 40~50m；黄蒿井遗址也发现有用泥土垒筑围墙的圆形住址，直径 38 m。

（4）“四坝式”遗址与齐家文化相平行，主要分布在东起山丹县的山羊堡滩、四坝滩、东灰山、西灰山一带，西至安西（今瓜州县）这一范围内，均为古老绿洲，聚落遗址地势平坦广阔，发掘有玉门火烧沟、酒泉干骨崖和民乐东灰山遗址等。根据文化堆积层厚度（0.3~5.0m）[4]的考古发现，表明主要为以原始农业经济生活为主的人类活动。经发掘民乐东灰山遗址曾发现日晒砖残块和夯土墙；酒泉干骨崖遗址发现用砾石垒砌的房屋院墙残迹，灰层下有柱洞。

甘肃史前建筑遗址非常丰厚，居住建筑发展自成序列，穴居、半穴居式住宅普遍存在于史前各民族、各类型的文化遗存中。已命名的有大地湾一期文化、师赵村一期文化、仰韶早期文化、马家窑文化、齐家文化、四坝文化、沙井文化等。其中，河西多种文化历史的孕育，是信息交通闭塞历史时期特定的文化现象。河西所处地理位置属于典型的荒漠气候，在祁连山脉的自然地貌与生态

[1] 沙井文化出现于青铜时代（上限为距今 3000 年左右，下限为距今 2500 年左右，大体相当于西周中期至春秋晚期）。

[2] 马绳武 . 民勤绿洲区划与几个历史地理问题 [J]. 西北史地，1989（4）.

[3] 关于沙井文化有“西来说”、“东来说”、“当地土生土长”、“只限于河西东端”及“河西西段也居住”月氏族等多种学术观点，在此不作展开判断。

[4] 甘肃省文物研究所 . 永昌三角城与蛤蟆墩沙井文化遗存 [J]. 考古学报，1990（2）.

图 2-3　甘肃秦安大地湾遗址 F901 复原鸟瞰图——原始宫殿雏形：组合体形的“黄帝合宫型”
（资料来源：《先秦城市考古学研究》）

图 2-4　甘肃秦安大地湾遗址 F901 址
（资料来源：《先秦城市考古学研究》）

明代河西军屯地亩与人口统计表

卫所名	万历时的军屯地亩（1573--1620年）	嘉靖时的人口统计（1522--1566年）	
甘州五卫	575，1221亩	13，701户，	17，961口
山丹卫	127，987 亩	1，551户，	5，406口
肃州卫	204，922 亩	5，632户，	9，963口
永昌卫	99，210 亩	2，761户，	5，624口
凉州卫	265，200 亩	1，693户，	9，354口
镇番卫	222，346 亩	1，871户，	3，363口
高台守御千户所	80，943 亩	4，253户，	3，426口
镇夷守御千户所	50，896 亩	1，233户，	4526 口
古浪守御千户所	62，229 亩	310 户，	671 口
合计	1，688，854亩	33，005户，	60，294口

图 2-5　明代河西军屯地亩与人口统计表
（资料来源：作者拍摄于嘉峪关城市博物馆）

环境的影响下，三大水系形成了河西走廊成串的大小绿洲；史料研究表明，其中马宗山一带并非绿洲，却最早发现了人类活动的踪迹，说明河西最早起源的聚落似乎在草原地带。通过河西走廊早期古文化遗址分析可知，早期河西走廊聚落遗址，主要分布于河流沿岸及河流下游冲积湖平原部分。根据古遗址发掘，在河流沿岸高数米至数十米的壤土台上分布有聚落群，且呈现越晚分布范围越广之势。在仰韶文化晚期，齐家文化早期，聚落迅速扩展至台地以上。根据城市的发展，聚落的密集必然带来贸易的繁荣、人口的激增，随之而来的经济与文化的交流碰撞必然导致生产技术的日益提高，在历来兵家必争之地的河西，也最有可能由聚落演变出寨堡、城堡之类的城防建筑❶。

2. 河西地域交融下的早期聚落城址

根据古聚落遗址的探源可以发现，河西走廊早期以游牧

---

❶ 马鸿良，郦桂芬. 中国甘肃河西走廊古聚落文化名城与重镇 [M]. 成都：四川科学技术出版社，1992：2-3.
实际上，西汉以前人类对绿洲影响不大，绿洲面积处于自然状态，面积小于后期灌溉绿洲。这时各水系所形成的山前冲洪积扇裙尚未开发，是一片荒漠草原，不属绿洲范围。

为主的仰韶文化，也存在着“四坝式”以农业为主的聚落遗址，也有晚于“四坝式”遗址的沙井文化以游牧为主，不同历史时期的并序，说明在河西艰险的地理区位上，各部族缺乏共同的经济文化基础，也自然出现了经济发展不平衡的地域差异。聚落差异的形成是由于不同自然地理环境上的独特性所决定的，从而出现了不同特点的建筑聚落形式，如甘肃张掖山丹县以大黄山[1]为界的东西两部落（东为齐家人，西为火烧沟人）因地理区位的不同构筑形式有所差异，齐家人构筑聚落以采用白灰抹面为主，火烧沟人却以游牧生活形式为主。同时，先秦时期河西玉门火烧沟、民勤沙井遗址还发现绿松石、玛瑙、海贝等饰物，说明当时的商品交换范围跨越了走廊的东西两端，也从另一角度说明，商品文化交流，在人类聚居的地域从未断绝。河西走廊由乡村聚落，逐渐向城市聚落发展过渡，城址的出现也是由原始古聚落人口与经济发生改变后逐渐演变而成，西汉郡县城址的设立，是河西有史以来最早的行政建置，也是最早设立的一批城镇。例如，现酒泉市（禄福县城）城北 25km 处有新石器时代遗址赵家水磨，张掖市附近有新墩城遗址，酒泉皇城（乐涫县城）东北 5km 处有下河清遗址。河西遗存古聚落和古城址分布与演化证明，尽管新石器文化是从旧石器时代晚期发展而来，而众多西汉古城，则是新石器时代聚落进展的结果。由于河西干旱地区气候与生态环境之间的差异，相伴而来的是生产、生活方式的不同，因此并不存在新石器时代文化从一个地点起源的问题，河西走廊存在着自生的文化特点和特殊的聚落遗址。[2]

根据考古早期城址可知，城市多沿河西绿洲水资源分布，通常是以农业为主的文化类型，而以牧业为主的城市多分布于草原地带。早期城市的发展，在不断的民族交融与民族迁徙的过程中，农耕发展与农牧业发展在配比上也因边政跌宕起伏，总体处于交融状态。同时，河西城镇也是历代王朝因军事斗争和边政屯田需要，而逐步发展起来的，历代对河西的掌控，也主要通过军事与边政两大手段调节。城镇的发展一定是建立在社会生产力的基础上，并且随着经济的繁荣和人口的增加逐步发展起来的，但是工商业不发达的封建城邑原始城时期，城面积小且聚落人口少，是早期河西走廊城镇的普遍现象。由于河西属

---

[1] 大黄山在张掖山丹县东南部，紧邻永昌县西部，走廊南山与走廊北山之间，是黑河水系与石羊河水系的分水岭。属温带干旱气候区，宜于畜牧，古为匈奴放牧之地。

[2] 马鸿良，郦桂芬 . 中国甘肃河西走廊古聚落文化名城与重镇 [M]. 成都：四川科学技术出版社，1992：16.

于多民族杂居地段，在所辖范围的争斗中共同发展，因此城堡的设立并不仅仅局限于汉人的建造，例如，姑臧古城与张掖的北古城均为匈奴人所筑[1]。在原始城堡的修建中共同特点在于北面不设城门，此种类似于风水学说的概念，在于防备城北以外的外族入侵，此种忧患意识在城门的设立中得以体现并被延续下来。

四、河西城镇人文历史因素的形成与发展

城市的起源研究在我国十分广泛，多年来古代城市史属于热点研究问题。在中国城市发展的历史追溯中一说为神农时代。《易·系辞下》记载："包牺氏没，神农氏作。斲木为耜，揉木为耒，耒耨之利以教天下……日中为市，致天下之民，聚天下之货，交易而退，各得其所……"。[2] 曲英杰指出"根据古史传说和考古发掘判断，神农之世大约相当于仰韶文化晚期。""在中国，这种从氏族聚落向城市的转化是从神农之世开始，到唐虞大禹之际完成的。"[3] 由此，可推测河西走廊的城市发展形成于仰韶文化时期关于城市出现界定的学说，在学术界有着不同的认知。俞伟超指出"只有到出现了城市和乡村的差别时，城市才算真正形成。在通常情况下，这个时期便是文明时代的初期。"、"不能拿城墙的出现与否作为中国古代城市发生时间的标志。"、"判断一个遗址是否为城市，关键要看这个遗址的内涵是不是达到了进行城市活动的条件，也必须考虑到当时社会生产力的发展水平是不是具有出现城市的可能。"[4] 张光直提出，城市最初出现在中国古代聚落形成的过程中，是由一系列相互联系的变化标志出来的。他以商代的城市为依据，列举了城市的五项标准：夯土城墙、战车、兵器、宫殿、宗庙与陵寝，祭祀法器（包括青铜器）与祭祀遗迹，手工业作坊，聚落布局在定向与规划上的规整性。[5] 李先登认为：城市内涵的物质表现主要是城墙与宫殿、宗庙等大型建筑。城墙是主要的防卫设施。宫殿、宗庙是进行政治活

---

[1] 马鸿良，郦桂芬．中国甘肃河西走廊古聚落文化名城与重镇[M]. 成都：四川科学技术出版社，1992：20.

[2] 唐明帮．周易评注[M]. 北京：中华书局，1995.

[3] 曲英杰．略论先秦时期城市发展的几个阶段[J]. 中州学刊，1985（3）.

[4] 俞伟超．中国古代都城规划的发展阶段——为中国考古学会第五次年会而作[J]. 文物，1985(2)；又见：俞伟超．先秦两汉考古学论文集[M]. 北京：文物出版社，1985.

[5] 张光直．关于中国初期"城市"这个概念[M]// 中国青铜时代．北京：生活·读书·新知三联书店，1999.

动的中心场所。❶ 郭正忠强调“可以称之为‘城市’的聚落，必须具备两个基本标志之一，即具备城郭，或者具备一定规模而有大致稳定的市场。”❷ 高松凡、杨纯渊列举了判断城市起源的三条标准：一是多职能的复合体；二是人口、手工业、贸易、财富、建筑、公共设施集中的场所；三是人口密度高，主要从事非农业的职业。❸ 许宏则指出“文明时代所特有的社会组织是国家，而与国家相应的为国家的物化形式的聚落形态则是城市。”❹ 根据以上对城市发展的界定，对照甘肃的考古遗迹和历史文献资料，发现有秦安县大地湾国家的雏形——酋邦的遗址，遗迹考古大约属于半坡 F1 一类氏族“大房子”向宫殿转化的初始的过渡形态，其格局形式“前堂后室”的部落酋长寓所具备了社会治理的中心机构（图 2–3、图 2–4），且位于聚落中心的位置。同时，甘肃嘉峪关博物馆所提供的历史上不同时期的人口数据（图 2–5），以及城墙的修筑、邮驿悬泉置遗址的考古遗迹等大量史料性的说明内容，都充分说明河西历史上城市发展的繁盛❺。

从早期原始城址发展为绵延有序的城镇，河西走廊存在内因与外因双重作用推进的结果。

1. 军事、商业等外在的条件形成河西驿站

古时驿站形制如唐·陈鸿《庐州同食馆记》：其堂“左右为寝食更衣之所，朱户素壁，洁而不华。东西厢复廊直澍。又西开下阁作饔舍。厩屋宏大中敞，作南门，容旌旗驷马。北上作丁字亭，亭北列朱槛，面城墉。”此文所说虽为唐朝庐州（合肥）城南一座驿站，但说明了唐代驿站的规模与形制。驿站的设立常常皆处要道。

根据河西现今留存的邮驿图（图 2–6）看，长期以来在这块古老的土地上，为生活相互依存的多民族共同创建了河西走廊。沿线众多的古聚落、名城与重镇，根据目前多处古遗址的挖掘与探测资料，能清晰看到河西走廊古城址地理学自然演变的历史轨迹。由各个历史时期形成的城市、古城、寨堡和长城、烽火台等系列古遗址，同时集交通、商业、军事为一体的立体化城防的邮驿线路，

❶ 李先登 . 试论中国城市之起源 [J]. 天津大学学报（社会科学版），1986（5）.

❷ 郭正忠 . 城郭·市场·中小城镇 [J]. 中国史研究，1989（3）.

❸ 高松凡，杨纯渊 . 关于我国早期城市起源的初步探讨 [J]. 文物（季刊），1993（3）.

❹ 许宏 . 先秦城市考古学研究 [M]. 北京：燕山出版社，2000：51–52.

❺ 本文不展开关于河西城市发展具体的时代界定问题。

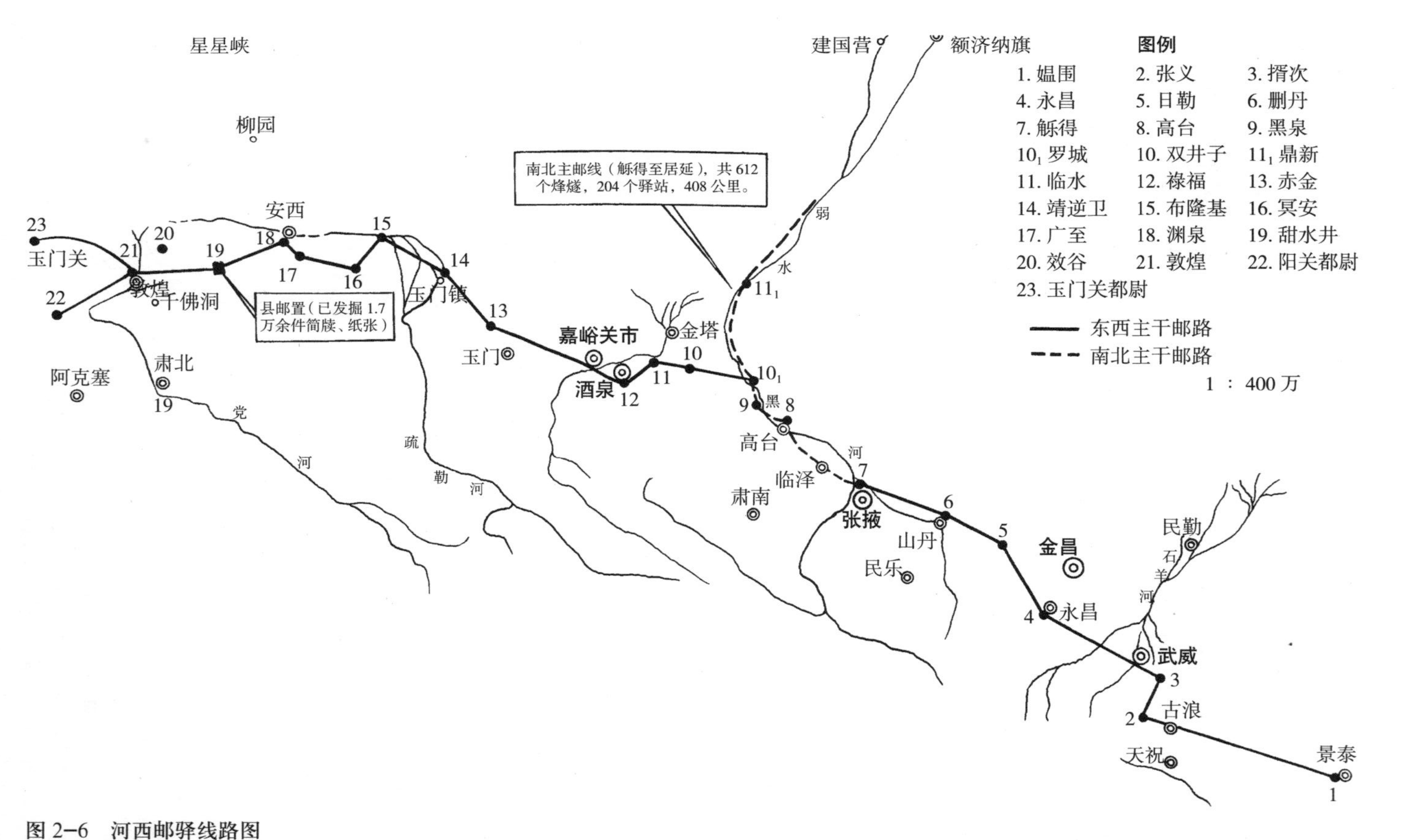

图 2–6　河西邮驿线路图
（资料来源：《中国甘肃河西走廊古聚落文化名城与重镇》）

在河西版图上从东向西纵深展开。

这些都证明了河西走廊重要边防的军事地位，也为不同郡县的行政建制提供了必要的设置机会。如今甘肃敦煌现存的悬泉置遗址是甘肃现存最为完整的一处大型邮驿遗迹，该遗址的科学发掘对研究汉晋驿站的结构、形制和布局提供了极为重要的实物资料——已发掘出土的各类遗物达17650多件，其中内涵丰富的简牍即达1.5万余枚，与之相联系的简牍及其他各类遗物，为我们了解汉代邮驿制度及西北边郡地区的政治、经济、军事及文化生活等方面提供了大量新的实物资料。从当今对悬泉置遗址的研究所知，邮驿的特殊性不仅仅在于军事意义，驿站还有“驿贡”的作用，亦是专供往返于各驿站之间传递公文休息、换马的处所。邮驿自身沿途配给所需，为地方的社会发展提供了客观存在的经济基础，邮驿规模的变化，也必然为较大城镇的建立提供了一定的条件。邮驿的发达是地域政治、经济和军事繁荣城镇之间的桥梁，邮驿的存在也是河西走廊文化传播的载体之一，也必然会带动边关互市贸易场所的繁荣，以及与之相关的社会生产、生活条件、人口密集等一系列的社会因素也都随之而动，这些积极的人文因素，为河西城镇的形成和发展创造了相对的历史条件。

图 2-7　汉代邮驿使者形象的画像砖
（资料来源：作者摄于嘉峪关历史博物馆）

2. 边防长城的建立

现今河西沿线保留有多处城墙的残垣断壁，那么城墙在城镇的发展中起着什么样的历史作用，我们又该如何来定义城墙的历史影响呢？

张全明认为：“在中国古代，传统的城市还以四周环绕有城墙为基本的标志。”❶谢仲礼归纳城市特征：“强调城市有较为严密的防卫体系，大多有城墙或者壕沟，或者二者兼而有之；一般是该地区的政治中心，往往表现为规模宏大建筑的出现。”❷城墙的建立是社会发展规模以及城市集中化表现的空间特征。

---

❶ 张全明．论中国古代城市形成的三个阶段[J]. 华中师范大学学报（社会科学版）1998，1：80-86.

❷ 谢仲礼．中国古代城市的起源[J]. 社会科学战线，1990（2）.

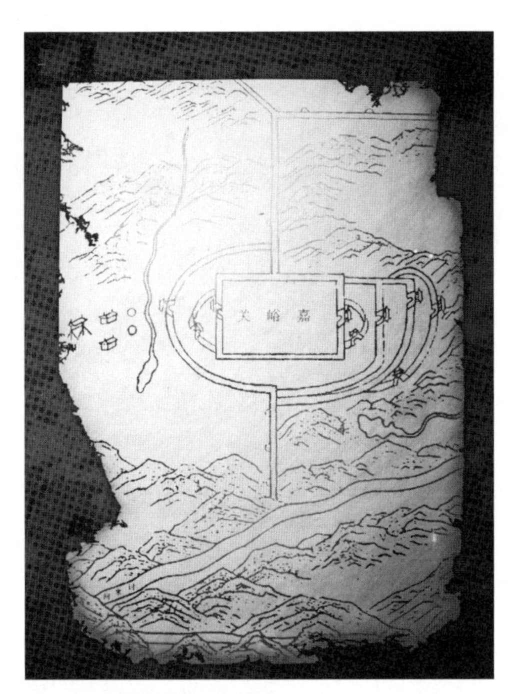

图 2–8　古嘉峪关城平面图
（资料来源：作者拍摄于嘉峪关城市博物馆）

笔者认为，一方面，边防长城保护了外患的侵袭，为塞内外社会经济稳定发展争取了空间，更为重要的是，长城也起到促进塞内外城市形成和发展的作用。因为军事城堡往往设施功能齐备，同时地处边关，其所管辖的范围有一定的统筹作用，且在国家管理地方的角度上，也处于边防的机要军事建制。郡县机制建立等在行政机构配比上的需要，其必然需庞大后勤供给支撑军事驻扎，喜好群居的人类特性，必然推动了人口的密集型发展，也必将促进农耕文化的繁荣发展，为边关贸易的市场化经济起着推动作用。另一方面，边防城墙的建立将一个开放的城镇状态转向一个防御封闭的发展方向，城墙在防御外患的同时，也带来了社会发展的藩篱。河西嘉峪关也不例外（图 2–8），以嘉峪关为分界的城外被称之为塞外，“关”在此起了防御的城池作用，也成为阻碍中西交流的设防据点，丝绸之路上的贸易往来在历史上屡次被阻隔中断；因此，城关的封闭抑制了地域商品经济的自然发展状态，在制约外敌的同时也进行了自我约制。其中，城防最著名的是明太祖朱元璋为巩固北部边防设置的“九边”防御工程，即，九边重镇[1]其中甘肃省占两处，一处为固原镇，在今宁夏回族自治区固原市，东起陕西省靖边县与榆林镇相接处，西达皋兰县与甘肃镇相接处，全长一千余里；另一处为甘肃镇，总兵驻张掖市甘州区，东起金城县（兰州市），西至嘉峪关南，抵达祁连山上，72 个驻军堡，15 个关口，其中以嘉峪关最为重要。全长一千六百余里。[2]

---

[1] 九边重镇包含：初设辽东、宣府、大同、延绥（榆林）四镇，继设宁夏、甘肃、蓟州三镇，又设山西（偏头）、固原两镇。

[2] 李玉坤，李严．明长城九边重镇防御体系分布图说 [J]. 华中建筑，2005（2）.

3. 河西走廊古城镇的发展规律

河西城镇在文献考定中，能确定绝大多数城镇基本形成于封建社会，或早于封建社会时期。

一方面呈点状布置于交通要道的枢纽之间，另一方面呈现河西地理方位上东西线性分布的特点。历史动荡时期，堡寨修筑兴盛，反之，在减少修筑的基础上，大量军堡转为民堡，且屯田者与驻防部队与地方相融合会永久居留下来，使地方形成相对稳定的、特定的人口、堡寨历史文化。

首先，城镇的选址往往居于显要的地理位置，城镇的发展虽经历不同时期，但基本在同一遗址上变化，原因在于河西地理特征的需要。比如像酒泉也是在原有历史城址的基础上发展的，并未改移他处，酒泉处于河西走廊的交通要冲，历史上前设有敦煌卫，后有张掖和武威作后盾，属于进可攻退可守的绿洲沃野；还有大量孤立存在的驻兵、防守堡皆居于不同地理要冲交通枢纽的位置。如明政府为抵御北虏的攻掠，在河西境内古浪县有泗水堡、双塔堡，武威有高沟堡、三岔堡，民勤有红沙堡、六坝堡等大量的堡寨，尤以古浪县泗水堡为典型[1]。

其次，依水而居是城镇发展固有的特点，选择的城址必然是具有适宜人居的发展条件，在封建社会，城址是伴随着农牧业和地方政治地位两方面需求而选取的，如公元前68~前67年间武威郡迁到姑臧（今武威市），是由于其地理位置处于冲积扇前缘地下水溢出带，石羊河、红水河等河道和湖泊水资源纵横交错，遂使此处成为农耕与放牧理想的聚落点，并且由于姑臧位于绿洲的最南端，便于当时匈奴与其他民族进行“关市”贸易，姑臧逐渐演变为丝绸路上繁华的重镇便也不足为奇，就此也充分说明了城镇发展的特点形式。

最后是自然条件限制下的军事防御戍边屯田的需要。凡以军事为目的设置的城镇往往兴废无常，历史记载有军堡转换为民堡这一特殊现象，如万历年间紫金城的军堡至民堡的转换，而为戍边屯田设置的城镇相对稳定，古今变化不大。其原因在于战时紧迫的防御设置和长期的绿洲发展，二者之间没有必然的联系，但又互为依托。根据现有城址分布可知，在军事重镇中所建立的堡和营，通常位于绿洲南北两侧用于屯兵和戍守；而古驿站职能部门通常分布于南北交通动线上。例如唐写本的《沙洲图经·祥瑞条》曾详细记载唐代沙洲（敦煌）

---

[1] 中国人民政协会议甘肃省古浪县委员会. 古浪名胜古迹选编 [Z]. 古浪县文化印刷厂印刷：148–170.

周边，共设置清泉、白亭、阶亭、双泉、悬泉、黄谷等 21 个驿站。

第二节　河西人文社会因素对生态环境的影响

“文化生态学是从人类生存的整个自然环境和社会环境中，各种因素交互作用来研究文化产生、发展、变异规律的一种学说”[1]。这样的概念，界定了文化特征必然受自然环境的影响，也受到诸如民俗民风、宗教道德等范畴影响。与人类生活行为方式密切相关的地域民居建筑，也同样是大环境链条下存在中的一个环节。地域建筑与地域生态环境相共生，人类在这片土地上的文化变迁势必影响着地域人居行为生活方式的改变。

西北地区几千年以来经历着寒冷与温暖、湿润与干燥的交替演变，自然环境的变化必然影响到地域环境中，降水量与蒸发量、雪线上升、冰川伸缩、河湖涨落和人类赖以生存的聚落绿洲的盛衰。河西走廊沿线绿洲环境也经历了水系的变迁与植被的演变，水系是绿洲的生命线，制约着人类的日常生产活动。历来竭力农垦与随意放牧、过度采樵与灌溉需求，使河西走廊总体自然环境，倾向于土地沙漠化，水体萎缩、植被枯萎等状态。河西走廊三大水系决定着河西走廊农耕的发展，预示着地域人口的承载力问题。长期的人类与自然的互为转化中，人类频繁的社会活动，直接促使了各水系格局的变迁。因此，讨论河西的生态环境，不能割裂河西走廊历史农耕的发展阶段。

为保护边防和丝绸之路运输线的贯通，必然在沿途设置军政机构和军事设施，以及相随而来的大量驻军。丝绸之路也离不开众多绿洲和城邦的支撑，两者之间相互促进，繁荣发展，河西屯田戍边的农耕与交通、军事等推动着商业集市的兴盛。绿洲驿站、绿洲城堡、绿洲屯田、绿洲集市环环相扣，在繁荣河西的同时，也保障了千百年来丝绸之路的畅通。在此期间各种人为因素与自然因素使丝绸之路线路不断调整，城池迁移也随之而变化。历史以来的丝绸之路走向的变化，常常对丝绸之路产生相应的影响。但历史时期丝绸之路的繁盛，为河西创造了不同时期的农耕大发展。日照充足和水资源丰厚的双重条件，为

---

[1] 司马云杰 . 文化社会学 [M]. 北京：中国社会科学出版社，2001：153.

河西的农业生产提供了有利条件，农耕的大发展也使河西成为重要的粮食输出基地，为丝绸之路骆驼商队的配给赋予了极大的后方保障。汉时设立河西四郡所推行的种种政策，在培育中原桥头堡的同时，也成为吸收中原文化的窗口，使中原文化和西域文化在碰撞中产生交融。

一、河西走廊农耕的四次大发展

1. 第一次，两汉时期河西走廊绿洲灌溉农业的发展高峰

在张骞“凿空”西域之前，河西地区主要被少数民族乌孙、月氏、匈奴等部落角逐占领，经济形态以游牧业为主导。历史上汉武帝三次出击匈奴最终胜利告捷[1]，开通了西域的交通路线，为巩固西域疆土，不断在河西进行大规模的军屯和移民开垦，其中敦煌边郡就设立有农都尉一职，在行政级别上确定了农业的重要性。元鼎年间（公元前 116~ 前 110 年）汉武帝先设置张掖、酒泉二郡，后又分武威、敦煌郡，屯田人口达到 20 万人。屯田地点主要位于令居、番和、居延、敦煌、酒泉、武威等地[2]，之中数居延屯田规模最甚。乃至汉武帝太初三年（公元前 102 年）汉军伐大宛时，“武帝亦发戍田卒”。一方面利用驻防士兵进行军事屯田，另一方面实行移民实边政策，汉人迁徙河西地区，极大地加强了地方人口的密集度，也为河西走廊带来了中原先进的农业社会生产的技术。河西经过两汉的农业发展，在一定程度上改变了曾经单一的游牧经济形态，垦殖地区主要沿绿洲扩展，形成武威绿洲、民勤绿洲、酒泉绿洲、敦煌绿洲、张掖绿洲、居延绿洲等农业分布区。东汉后期政府无力管控河西，使其遭受匈奴、羌族的侵扰，持续动荡致使河西农业至三国两晋时期，农业灌溉绿洲渐趋于衰退阶段。同时，农牧业分界线由东向西推之今天的甘肃与新疆的交界处，河西地区耕地皆来自于天然绿洲，植被被严重破坏。环境失衡一度导致河西地区民居难以自存，出现首次生态环境失衡的例证。直至唐初，河西走廊地区社会生产方式仍以游牧经济为主。

2. 第二次，隋唐时期绿洲农耕灌溉的发展

唐代随着国力的增强，游牧民族的势力逐渐得到控制，河西走廊农耕业再一次得到逐步发展。贞观四年（公元 630 年），东突厥灭亡，解除了北方

---

[1] 先后于元朔二年（公元前 127 年）、元狩二年（公元前 121 年）和元狩四年（公元前 119 年），见：钱云，金海龙等 . 丝绸之路绿洲研究 [M]. 乌鲁木齐：新疆人民出版社，2010：83.

[2] 钱云，金海龙等 . 丝绸之路绿洲研究 [M]. 乌鲁木齐：新疆人民出版社，2010：83.

游牧民族对南方农耕地区的威胁，到公元7世纪末河西走廊农业已经进入繁荣期，为唐朝统一河西奠定了基础。公元8世纪初农业生产量进一步提高，当朝在今天的古浪县、民勤县等地屯田，瓜州、沙州地区水利灌溉系统已经完善，成为典型的灌溉型绿洲农业发展区。唐代在河西走廊的屯田遍及凉、甘、肃、瓜、沙五州，开元年间，河西屯田达到49万亩，至开元、天宝时期，农业生产再次成为河西走廊主要的生产方式。河西走廊在“安史之乱”后由吐蕃占据，水利灌溉系统遭到破坏，使农业再次衰退而逐渐向半农半游牧经济过渡，至五代、宋初河西走廊畜牧业再度兴盛。宋天圣六年至景祐三年，党项族建立的西夏控制了河西地区，在其统治的200年间，农业得到稳步发展，经过元代，大量的军事屯垦衰落状况有所改变。至宋末元初，马端临《文献通考》中指出唐中期以后，河西走廊已变为“龙荒沙漠之地”、“旱海不毛之地”。

3. 第三次，明清时期边防的戍边屯田政策

明清两代河西走廊农业得到长足发展，水利与人口得到了充分调配，绿洲灌溉的分布规模超过了汉唐两代，实行军屯与民屯的鼓励支持政策，使明清成为最为广泛的农垦时期，因此，屯垦移民造成土地承载超饱和主要是在明清时期。清嘉庆时河西走廊共有127.4万人，人口密度完全突破了干旱地区人口压力的“临界指标”（1977年国际防治沙漠化会议规定为7人/km^2），达到8.8人/km^2，使绿洲生态承载能力无法支撑。清控制河西走廊后，采取兴修水利、减免赋税、军民屯田、招民认垦等一系列恢复农业社会生产的积极政策，刺激了河西绿洲灌溉的迅速扩展。农业发展在明清两代已成为河西主要的社会经济状态。

4. 第四次，新中国成立以后河西人口激增的无节制开发

新中国成立后的河西生态变化是历史上最为严重的，是人居生态环境恶化的主因。其主要原因在于新中国成立后河西人口过快增长，以及相伴随的大规模水资源开发与无节制利用。近代工农业的发展对祁连山水源涵养林的破坏加剧，使得祁连山区降雨量消减，水资源生态环境在历史上一次次人为的破坏中越加脆弱。

历史上四次农耕的大发展，促进了游牧向农耕生产和生活方式的发展，在此基础上促进了农耕定居人居环境的快速发展，使游牧的毛毡帐篷的“行国”文化逐渐向定居地域建筑转变。在地域发展中，区域一定的人口承载力决定了

地域繁盛的正负比关系，即正比关系时繁盛发展，反之产生巨大的破坏力。河西走廊自古既是连接西域的交通通道，又是丝绸之路的主要干线之一，因此河西走廊农耕的发展离不开与丝绸之路贯通之间的联系。

二、河西徙民实边与屯田对人居生态环境的影响

甘肃河西走廊从汉武帝元狩二年（公元前 121 年）开始屯田到清道光五年（1840 年）止，历数一千九百多年，大规模的实边与屯田在特定的历史时期促进了河西走廊政治、经济的繁荣发展。汉代河西建四郡后先后组织大规模的迁徙活动。“……或以关东下贫，或以抱怨过当，或以背逆忘道，家属徒焉”；“公元前 118 年，徙天下奸猾吏民于边”。同时，出于边关防御守卫之需，大量进驻部队的戍守边关战士，策略采取亦兵亦农。司马迁写道：“初置武威、酒泉郡，而上郡、朔方、西河、河西开田官，斥塞卒六十万人戍田之中国缮道粮，远者三千，近者千余里。[1]”据《汉书》记载：“汉渡河，自朔方以西至令居，往往通渠置田，官吏五六万人”。据历史文献的记载，大规模的移民屯田在促进地方城镇发展的同时，也带来了中原先进的农业与手工业技术，如魏国曹芳嘉平年间（公元 249~254 年）皇甫隆任敦煌太守，教授当地人民进行衍溉的方式[2]，提高劳动生产效率的同时又节约了水资源利用；魏晋时期河西走廊屯田，扩大耕种面积，推广了先进生产方法，如一牛挽犁耕法。这其间不乏建筑的手工技能，但是由于建筑特性的原因，难以见到原貌，但可以在河西建筑壁画中管窥一二。[3]

历史年代的变迁也能进一步说明屯田对河西走廊生态环境的影响。汉代移民屯田，汉宣帝时赵充国率军在祁连山南麓、湟水流域一带屯田平羌，所上宣帝的《屯田疏》云：“目前部士入山，伐林木大小六万余株，皆在水次。”就连离祁连山较远的金城郡亦仰赖该山之木材。在赵充国所上宣帝的《不出兵留田便宜十二事》中第六事载：“以闲暇时所伐材，缮治邮亭，充入金城”。至唐，著名诗人岑参在诗中有“七里十万家”之描写，人称“凉州岁食六万斛”、“甘州所积四十万斛”。《旧唐书·张守珪传》记：“瓜州地多沙碛，不宜稼穑，每年少雨，以雪水灌田。至是渠堰尽为贼所坏，大漂材木，塞涧而流，直至城下。

---

[1] 史记·河渠书 [M]. 李锋敏 . 从河西走廊古地名看古代河西历史 [J]. 甘肃社会科学，2000（2）：48.
[2] 李并成 . 三国时期河西走廊的开发 [J]. 开发研究 1990（2）：63-65.
[3] 在第二章第四节有专项分析。

守珪便取充堰，于是水道复旧，州人刻石以记其事”。及至明清，乾隆时，武威山区“往昔林木茂密，厚藏冬雪，滋山泉，故常逢夏水盛行，今则林损雪微，泉减水弱，而浇灌渐难，岁唯一获，且多间歇种者”。这些完全与农耕的四次大发展时间相吻合，其破坏程度一浪接一浪，最终加剧了一系列的生态恶化，由于缺乏当下社会生态可持续性发展的意识，忽视了生态效应及相关的人文生态建设,造成戈壁、沙漠绿洲植被萎缩。很多地方,如现在民勤境内的三角城(汉代武威郡治)、文一古城（汉代宣威址）、张掖黑水国（汉代黑水国）、黑河下游的居延三角洲（黑城遗址、破城子）、绿营河、摆渡河下游的古绿洲等都成为黄沙窝[1]。河流下游尾闾湖泊萎缩甚至干涸，石羊河下游休屠泽和疏勒河下游冥泽的消失，以及黑河下游居延海的河道变迁，无一不与历代河西的过度屯垦有关系。过度的屯田及落后的生产力和不合理的耕作方式，以及少数民族入侵造成大面积土地荒芜，沙漠化扩展，绿洲生态恶化，致使河西走廊成为今天全国生态最恶劣的地区之一。生态环境的改变绝非一朝一夕，随着上千年的时间推移，也必然使当地的地域建筑面貌随着生态环境与生存条件的变化而变化。

从客观角度来看，汉代丝绸之路的“凿空”之举，河西四郡的设立强化了行政、军事设置，以及实行“屯田”和“徙民实边”的政策，推进了原来以畜牧经济为主的河西地区转变为农业经济的耕作方式。但是，由于古代生产力低下，历代的野蛮掠夺式开发加速了河西绿洲的生态、自然环境的破坏与恶化[2]。毋庸置疑，河西的一系列举措必定促进河西走廊地域城镇发展的繁荣，在中原与河西地区的交融中，人员流动中必然带来了建筑营造技术的互动方式，以及中原城市发展建置的理念模式。现今河西地域建筑庄堡中院落的四合院结合方式便是最为明显的交融点，完全不同于新疆喀什、高台等地无序自由组合的地域建筑发展规制[3]。

---

[1] 李国仁，魏彩霞．论古代河西走廊屯田对绿洲生态的影响．中国经济史论坛 http：//economy.guoxue.com/?p=5031.

[2] 如今黑河下游的胡杨林已从 1940 年代的 5 万 hm^2 减少到目前的 1.6 万 hm^2，怪柳林从 1950 年代的 15 万 hm^2 减少到如今的 10 万 hm^2，地下水位大幅下降，地处下游的天然灌丛大面积退化死亡，木材作为民居建筑材料的历史已成为过去。

[3] 在第三章第二、三小节有关于河西地域建筑与相关建筑的比对分析。

第三节　丝绸之路东西方文化的交融

在三四千年前，黄河以西的羌族以及后来的乌孙、月氏、匈奴等民族在游牧过程中，开辟了早期的丝绸之路，东西方文化的交融就在互通有无中渐渐发展成为独有的文化体系（图 2–9）。汉初削平诸王叛乱，改革税制，兴修水利，封建制的地主小农经济得以进一步巩固。工商业的繁荣促进了城市空前的繁荣，出于国家对外发展的需要，开辟了西域的对外贸易和文化交流的通道。张骞出使西域“凿空”，历经数代形成了丝绸之路的繁荣之势，为联络中原地区与西域的经济文化交流，创建了当朝对外经济发展的通途。

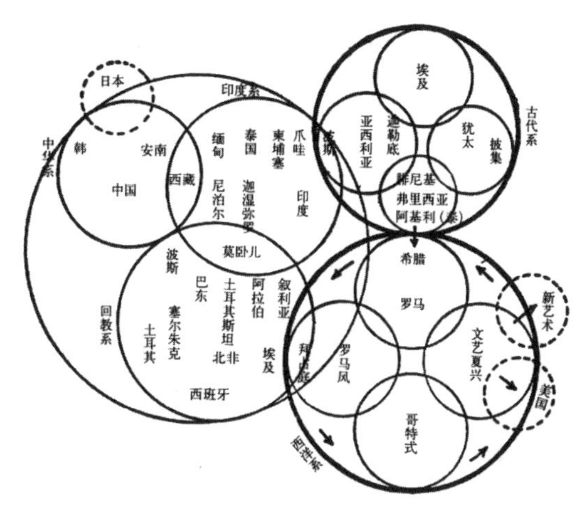

图 2–9　伊藤忠太的“世界建筑系统图”
（资料来源：布野修司《亚洲城市建筑史》）

河西走廊由于受地缘板块的影响，其地域与西域的文化类型相似，其生态环境、生产方式、宗法制度亦受其影响。形成了绿洲与草原并存，农耕方式与游牧生活方式共在，农耕宗法社会与游牧宗法同列的复合型文化。在地域上也可以分为南部绿洲农耕文化和北部草原游牧文化，以及屯垦文化三大类型。由此能看出河西与西域在地缘关系上的相近性，而事实上，建筑本身与生活行为方式紧密相关，在文化经济贸易频繁的过程中，不仅仅是物质文化的交流互动。古代信息不发达，被分割为若干块封闭地块的点状绿洲，在区域板块中，通过流动的方式逐渐转化点状绿洲为城市绿洲之间流动的线，将东西方文化贯通南北，成为东西方文化交汇的载体场所，事实证明正是这些绿洲城郭上发生的历史事件，记载着曾经的繁华与丝路文化[1]。

---

[1] 如历史事件上重大发现的“骊靬城”——河西走廊罗马人的遗址，西汉元帝时代所设置，用来安置罗马降人，如今此地正是甘肃永昌城南约 10km 处的者来寨村，这是事件的记录丝绸之路的西方文化交融的特殊层面。

一、丝绸之路交汇的历史文化现象

季羡林先生曾称“全世界历史最悠久、范围最广泛、自成影响而又影响十分深远的文化只有四个，那就是中国文化、印度文化、希腊文化和伊斯兰文化，再没有第五个了，诚然这个文化交汇之处只有一个，那就是中国的敦煌和新疆。[1]”说明在地缘板块上河西敦煌与西域关系的紧密性，了解西域文化多元并存与多源发生的历史文化现象，有助于认知河西地区的文化交流状态，因为各种文化和艺术都在进行互为边缘的尝试，绝非是自我隔绝机制的封闭，跨地域视野的认知，能更为广泛地感受丝绸之路的文化交融。

甘肃省整体分布着 45 个民族，其中汉、回、藏、东乡、保安、撒拉、土、蒙古、裕固、满、哈萨克等十多个民族为主要分布民族。

回族：主要聚居在临夏回族自治州、张家川回族自治县。

东乡、保安、撒拉族：主要聚居临夏回族自治州。

藏族：主要聚居在甘南藏族自治州和河西走廊的东、中部地区。

裕固、蒙古、哈萨克族：主要分布在河西走廊中、西部地区。

河西走廊的语言、宗教、艺术和民间文化等方面，以及草原文化不同时期的主流文化内容和屯垦文化，多重角度地映射出了汉族与多民族文化的相融，并且互融中存在着文化回授现象，明确显示出河西走廊在地缘板块中所占有的重要性，它是连接西域乃至中亚的文化桥梁，在文化的流动中兼收并蓄，形成了河西特有的文化优势。

1. 宗教文化

多民族孕育出了多种宗教信仰并存的和谐与冲突、交融与互动的历史局面。甘肃省的宗教以伊斯兰教、佛教、道教、天主教和基督教为主，各民族的宗教信奉略有差异，现今已有留存的宗教派别中，有的传入已有千余年。河西走廊文化区的宗教文化主要由汉族儒、道、释三位互补的宗教文化系统、藏传佛教文化系统、伊斯兰教文化系统所组成，正如左宗棠所谓：“汉敦儒术，回习天方，蒙番崇信佛教，自古至今，未之有改”[2]。

伊斯兰教：传入于 7 世纪中叶，有 1300 多年的历史。传入中国的路线主

[1] 季羡林．吐鲁番学在中国文化史上的地位和作用 [J]. 红 .1986（3）.

[2] 左宗棠．奏请甘肃分闱疏 [M]// 升允，长庚修．甘肃全省新通志・卷三十三・学校志贡院．安维峻算纂 // 中国西北文献丛书（第 24 册）．兰州：兰州古籍书店印行，1990.

要有两条，一条是海路，一条是陆路。唐宋时期的早期传入，以海路为主；元代的大规模传入和新疆地区的伊斯兰教传入则基本上靠陆路。伊斯兰文化在甘肃省内影响较大，河州民居工艺精美，河州砖雕享誉世界。

佛教：汉代佛教沿丝绸之路传入河西走廊并逐渐发展。唐朝的河西佛教尤为发达，唐末五代时期的回鹘等政权大力提倡和扶持佛教，使河西地区的佛教久盛不衰。使甘肃省境内形成了颇具规模、影响深远的石窟寺文化——莫高窟，麦积山石窟，榆林窟，南北石窟寺等。这种良好的宗教环境为藏传佛教在河西的传播奠定了坚实的基础，藏传佛教自西夏时期传入河西后得到迅速发展，藏传佛教文化传播渗透至陇中地区。土司制度曾在河西走廊流行一时，著名的永登连城鲁土司衙门是家寺建筑群的典范。

道教：5世纪中叶道教开始在河西土族先民中传播，并造成了广泛的影响。平凉崆峒山在秦汉时期建有修道宫观。

基督教和天主教：基督教初传入中国时又称为“景教”[1]。贞观九年传入长安，之前经新疆，取途于河西地段，由西向东开展了大量的传教活动。考古发现，景教在河西走廊的传播时间大致在公元6世纪初到公元635年。景教的传播线路正是自汉代以来东西方繁荣商道的丝绸之路，其中大多数景教徒以经商为因借进行宗教传播，并在河西娶妻生子，其生活习俗、宗教信仰，带给河西走廊别样的精神面貌。肃宗时“武威有7城，胡家聚居5城，聚人6万”，唐代诗人岑参盛赞“凉州七里十万家，胡儿半解弹琵琶”。天主教于唐代初始传入中国，13世纪再度传入。最早时张掖于元代建有教堂，元朝覆灭后，天主教在中国几近绝迹。之后，至16世纪耶稣会传教士随着西方殖民主义浪潮，再度深入中国进行传教。

甘肃特殊的少数民族文化背景促成了地域建筑民居装饰的民族性以及多样性。同时，宗教信仰贯彻于河西走廊的民俗文化的各层面，影响着河西走廊民众本身的人文习俗。主要表现为由藏族、土族、蒙古族、裕固族为代表的，以藏传佛教宗教习俗为主要特点的民俗系统、以汉族为代表的汉族民俗系统，以及以哈萨克族为代表的伊斯兰教宗教民俗文化系统所组成。从宗教层面呈现出多民族交融的大一统局面。

[1] 在中国，基督教一般只指新教，不包括东正教和天主教。

2. 农耕文化

河西走廊被称为“西北粮仓”，这里水草丰美，物产丰富，皆靠祁连山积雪和冰川的融水进行农耕灌溉。农耕文化是中国传统文化的根基，中国农耕文化特别强调和谐理念，追求人与自然关系的和谐和人与人关系的和睦，追求小家与大国的社会价值观，是在农业中形成的风俗文化。汉族的农耕文化集合了儒家文化，及各类宗教文化为一体，形成了自己独特的文化内容和特征，以语言、风俗、戏剧、民歌及各类祭祀为活动主体作为中国传统的伦理和道德规范。这种伦理观又以建筑语汇的形式表现在建筑的规制中，从院落的功用、布局到建筑装饰元素的定夺，无不将农耕文化和宗教文化点点滴滴反映出来[1]，决定着民居建筑文化形成和发展的方向。同时，农耕和谐理念从某种程度上塑造了先民的价值取向、行为规范，维系了社会的相对稳定。

1）语言交流

人类最基本的表现便是语言的交流，两汉时期不同地域有不同的语言。从语言文化圈来看，河西走廊的语言圈主要由以汉语为中心的汉语文化圈、以藏语为代表的藏语文化圈、以土语为代表的蒙古语文化圈所组成；其中，又不乏其他语系借用汉语的交融现象。据清格尔泰先生对土语 5000 多个条词的分析，在近 40% 的土语借词中，汉语借词占到了 18.5%;流行于河西走廊地区的藏语、裕固语中的汉语借词也不在少数。河西走廊如天祝、武威等地的农村地区的汉语中常有周边少数民族语言中的借词。例如，天祝县许多地区的汉语方言中称“蝴蝶”为“达达奴儿（音）”、称大姐为“阿代（音）”、称叔叔为“阿克（音）”,发音为汉语中的蒙语、藏语借词。同时,两汉西域地区有于阗语（于阗）、龟兹语（焉耆、龟兹）、佉卢文语（鄯善），其中鄯善国上层流行汉语。史料证明，尼雅出土的东汉汉简，也涉及当地居民与汉族来往的内容，这些都证明汉语经河西走廊语言文化传播甚广。

2）风俗民俗

河西走廊的民俗文化主要以藏族、土族、蒙古族、裕固族为代表，有以藏传佛教宗教习俗为主要特点的民俗系统、以汉族为代表的汉族民俗系统以及以哈萨克族为代表的伊斯兰教宗教民俗，各种民俗文化共融发展。如 5 世纪中叶道教开始在土族先民中传播，并造成了广泛的影响。与汉族一样，很多土族人

[1] 河西走廊的建筑形态分析详见第三章。

也信奉龙王、灶神、二郎神、太上老君、玉皇大帝等道教诸神，表现出明显的汉族道教文化的痕迹。而西域高昌王国流行汉文化中加入突厥人的文化，“男子胡服”和“被发左衽”成为当地汉人的时尚之风。这些充分证明中原文化传播西域与必经之路的河西有着密切的互动交融关系。

3）民歌与戏剧

农耕文化不可或缺的便是民歌的艺术形式，在单一的民族聚居区和交通闭塞的时代，民歌成为语言最为直接的流传方式。生活在河西走廊地区的回、东乡、土、裕固族都有“花儿”演唱的习俗。有学者研究认为，花儿的主要特征是“汉语、回调、番（藏）风”，其中所谓的“汉语”就是用汉语作为花儿演唱的主要表达形式，是河湟地区花儿演唱的主要特色。还有土族的“纳顿”节民俗活动，正如高丙中先生在谈及土族的“纳顿”活动时所言：“除了名称是土族原有的之外，活动内容是汉族秋社谢神的移植，供奉的是汉族民间信仰的神，戏剧表演的是汉族传播的故事。”由此来看，土族不仅仅受到了藏族及藏传佛教的影响，同时汉族的道教及民间宗教在土族中流传甚广，完全呈现出上下多元的交融局面。

4）耕读文化对地域建筑的传播影响

中国古代传统知识分子皆以半耕半读为最佳的生活方式，以学而优则仕为社会基准，以世代耕读为价值取向。同时，国家对重农抑商的引导，及儒家“万般皆下品，唯有读书高”的思想影响，形成了中国特有的耕读文化。耕读生活自上古伯夷、叔齐至魏晋竹林七贤更是被文人推崇至至高的文人修养境界，追寻崇尚自然、超脱的雅士生活。甘肃地区也毫不例外，历史记载自明朝起，甘肃的教育有了一定的发展。明代，定西、兰州、天水三地共有进士 246 名[1]，占明清两代甘肃进士总人数的 50.2%。至清代，甘肃地区进士人数为 306 人，比明代增长 66%[2]，武威有天梯、雍凉两书院，素有武威“人文之盛，向为河西之冠”[3]之说。历史上河西徙民实边与屯田、建制与建郡的政府行为，催生了甘肃历史和后期繁荣的仕途文化及大量文人学子的涌现。文人雅士阶层对地域建筑的建造与推广促成了民居建筑，以及民居装饰艺术的形成是一个很重要

[1] 朱保炯，谢沛霖．明清进士题名碑录索引 [M]. 上海：上海古籍出版社，1980.

[2] 张晓东．明清时期甘肃进士的时空分布 [J]. 河西学院学报，2006，22（3）.

[3] 朱允明．重要都市 [M]// 甘肃省乡土志稿・第 22 章 // 中国西北文献丛书（第 32 册）. 兰州：兰州古籍书店，1990.

的隐性因素，中国传统文化精神的内核之下便是光宗耀祖、广置田产、彰显门第。因此，经商为官的最终是衣锦还乡修宅建院，该阶层在自觉不自觉中传承和延续着地方文化，并将外来文化也融合掺杂其间，为文化的交融起着桥梁作用。研究显示，甘肃各地的进士人数分布不平衡与民居建筑留存数量的不均衡基本一致，因此，民居建筑水平的好坏与当地的经济、文化资源的占有量有很大关系，生态地域环境的优越性，以及文化资源的占有量与地域建筑的质量成正比关系。

5）屯垦文化的发展

屯田制度，从西汉至近代历来是维护国家边疆经济与稳定的发展政策。明代，河西走廊成为明边疆的军事前沿，明廷有组织地修筑了御敌屯田的堡寨防御体系。永乐十二年（1414 年）规定了屯堡建筑的规模和日常管理制度：即在五、七屯或四、五屯内筑一大堡，堡高七八尺或一二丈不等；[1] 戍卒们“平时守护城池，有警则收敛人畜”。[2] 如山丹县境内保存明代堡寨 58 座，至今保留完整的有峡口古城堡、霍城古城堡、大马营古城堡、东乐古城等[3]。历史条件下由于战事频繁，河西地区遗留的民居建筑所剩无几，尤其为巩固统治，加强边防，组织抗击，明政府大规模修筑长城，长城沿线很少有明代民居建筑，留存最多的是由军屯转化为民堡的堡寨建筑。不可忽视的是，屯垦制度使中原文化中先进的物质文化、制度文化、精神文化也随军屯和民屯传播到河西地区。由于参与屯垦的人员驳杂，所以出现了官方上层文化与地域民间文化并重的局面，加速了汉族与多民族渐趋相融的社会面貌的形成。

总体上来讲，区域文化特征可以从语言、风俗、民歌与戏剧等形式反映出各个民族宗教的文化在同一个地域空间内发生了多层次、多形式的活动关系，使河西走廊各民族在宗教信仰领域下形成生活行为模式的互相交融，使多民族文化相互浸透、相互融合，构成了以多元统一为特色的丝绸之路历史文化现象。

3. 草原游牧文化

天山南北地区的游牧民族由于居无定所、多民族混杂，因此各个历史时

---

[1] 《明太宗实录》卷九十三。

[2] 石茂华 . 议设保甲疏 [M]// 张克复 . 五凉全志校注・卷一 . 兰州：甘肃人民出版社，1999.

[3] 山丹古城堡建于明代，全县境内堡寨相应，星罗棋布。http ://baike.baidu.com/link?url=ZYGBGL30y8KuQS7s6EpgrNQjg4P1sf90GfY0UsM4y25PyFpeQ0RxMcEgdDG7Rvx9MjnNkic-xGihUzEExuH5QK。

期文化表达也各有不同（表 2–3）。蒙元时期是民族大融合、文化大融汇时期，这一时期外族的西来，使西域取道河西走廊与中原空前密切，至清代准噶尔、哈萨克等民族又成为草原文化的主流。

两汉至清西域的文化主流 表 2–3

序号	历史时期	河西走廊少数民族	文化代表
1	两汉时期	塞种、乌揭、匈奴、大月氏、乌孙	游牧文化
2	魏晋南北朝时期	悦般、高车、柔然	“行国”文化
3	隋唐时期	党项、吐蕃和回鹘	突厥文化
4	蒙元时期	多民族杂居	蒙古游牧文化
5	清代	准噶尔、哈萨克、柯尔克孜、塔吉克	游牧文化

在《汉书 · 西域传》中（资料来源：作者整理绘制）记载有“穹庐为室兮毡为墙，以肉为食兮酪为浆。”现今的草原牧民在放牧季节依然居住在毡式帐篷内，根据草场变化不断迁徙，正是便于迁移、拆卸、运输的生活方式，决定了毡房的民居形式。当草原牧民逐渐变为定居生活方式时，毡房的形式由于特殊的放牧需求依然被保留下来，此可说明，不同的建筑形式一定与当地居民的生活行为方式紧密相连。即使将不同的物质材料运用于不同的民居形式，但是符合地域地情的变化是亘古不变的真理。前文的宗教文化影响，提到凉州胡人多在河西定居安家，产生了人口迁移的多元文化交融，草原文化与农耕文化相对独立同时相互影响。比如自西汉始，凉州的农耕区一直处在中原王权的管理之下（除十六国、唐末、西夏时期），而居住在祁连山区的游牧民族则长期游离于中原政府管辖之外。生活在凉州境内的游牧人住毡帐、食肉、饮乳及马乳酒、衣皮革，过着逐水草而迁徙的生活。而农耕区的汉人则养成了重农、安土的观念和吸收中原先进文化的思想，“凉州女儿高满楼，梳头已学京都样”便是极好的佐证。

二、游牧类型与农耕类型的交替融合

自然环境产生的地域差别，使丝绸之路沿线社会经济形态呈现两大类型，分别为农耕文化与游牧文化。因此，在河西这片广袤的土地上，相对应的便是绿洲农耕与游牧两大族群类型的繁复关系。在交往频繁的基础上，存在着军事冲突、民族统一、部落分裂、文化交流、相互依存，统治与被统治之间复杂的关系。其特殊性在于两者之间的互补，是游牧文化与农耕文化之间存在的前提和基础。同时，由于游牧与农耕之间的经济类型、特点，他们之间相互交融而产生的文化形态，在很大程度上决定着各族人民的物质文化特点，决定着他们的居住地和住房的建筑类型，甚或是交通类型，小到饮食、生活器具和衣饰等。

河西绿洲农业经济，随中原管辖融入了汉朝军事屯田经济，也势必带来了先进的灌溉措施、农耕技术和农业生产工具。不同历史阶段都有不同的表现，南部绿洲文化定型于西汉，魏晋时期得到大发展，隋唐达到高峰，宋元之后出现重大文化转型[1]。

从两汉、隋唐、明清所经历的农业绿洲灌溉的高峰能够看出河西走廊的地域性特点，多民族的杂居和不同历史时期的角逐，使河西经济形态处于半农半牧抑或农牧交替的大变革中（图 2–10[2]）。正是由社会经济决定了地区的人文性格，从而在交融与斗争中，使部分古代游牧民居向定居聚落形式嬗变。

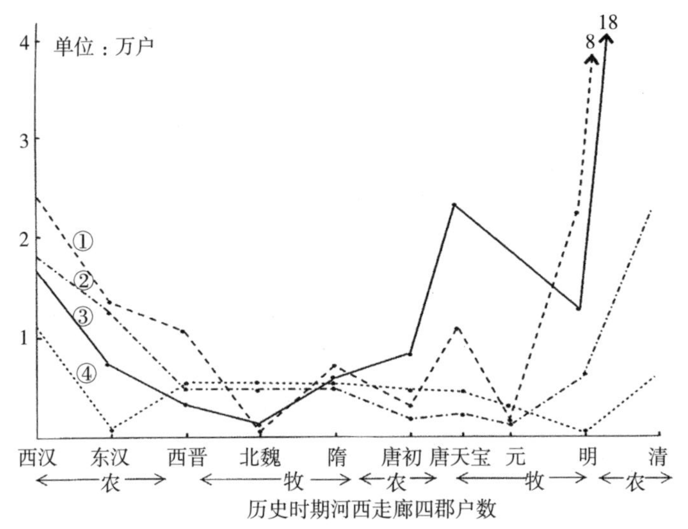

图 2–10　历史时期河西走廊的农牧交替曲线图
（资料来源：《亚洲城市建筑史》）

---

❶ 仲高 . 丝绸之路艺术研究 [M]. 乌鲁木齐：新疆人民出版社，2008（1）：17–27.
❷ 钱云，金海龙等 . 丝绸之路绿洲研究 [M]. 乌鲁木齐：新疆人民出版社，2010.12：93.

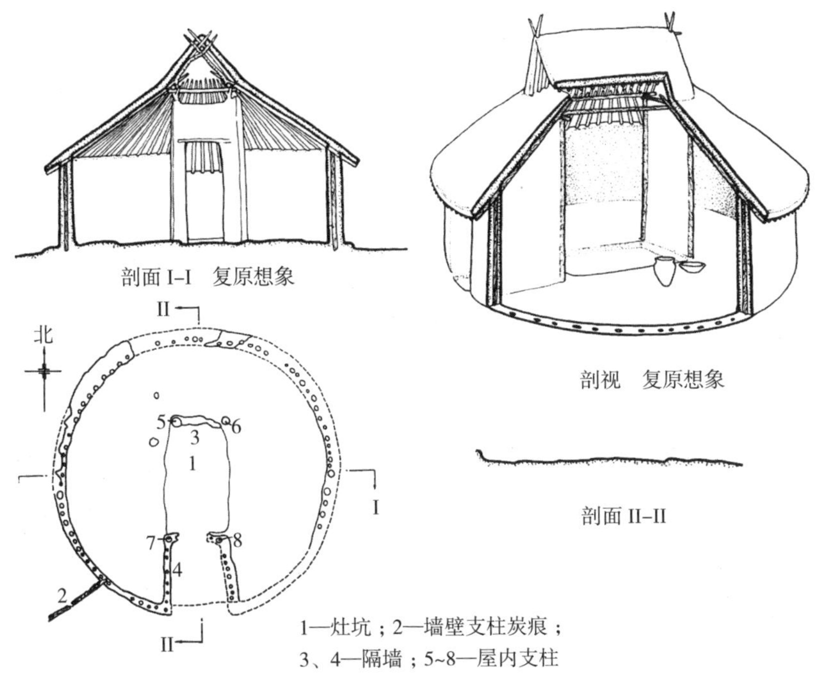

图 2–11 陕西西安半坡的复原想象图
（资料来源：《中国古代建筑史》）

在丝绸之路历史交汇的文化现象中，本土文化是交融与碰撞的结果。游牧与农耕的交融中，传统地域建筑也体现了丝绸之路多品质的文化特质，是农耕文化与草原文化相互交融的载体。如西域古墓沟 42 座墓葬出土的毛织品、小麦粒、草编制品，不见陶器等的丧葬特点，确定古墓沟人生产以畜牧业为主，但是墓区麦粒的发现，也说明存在少量农业经济。后经对木垒四道沟遗址，西域原始社会居住点的挖掘，伴随大量彩陶、磨盘、石锄等农业生产工具的出现[❶]，说明农业和畜牧业占有同等的经济地位，生产方式的改变，自然会引起物质文化的变迁。一方面，从毡房的发展逐渐转换为定居的生活行为方式，在建筑的体现上便会有所不同。早期的半穴居建筑形式，依然保持着毡房的构造，如出土的原始社会住房为陕西西安半坡的复原想象图（图 2–11[❷]）。从原始建筑民居的形势发展来看，应该是草原文化渐入中原。另一方面，丝绸之路城镇

❶ 仲高 . 丝绸之路艺术研究 [M]. 乌鲁木齐：新疆人民出版社，2008：27.
❷ 刘敦桢 . 中国古代建筑史 [M]. 第二版 . 北京：中国建筑工业出版社，1984：25.

文化的形成经历了一个过程，西域屯垦文化是随着历代屯垦事业发展起来的，早期主要是军屯，基本未波及城镇屯垦文化，而到清代，随着军屯、民屯、遣屯、旗屯等屯垦方式的多样化，商业交换活动的加强，突破简单商品交换的藩篱，由"不约而集到终日成市"，相对具备了聚集人口的能力，集市的繁荣形成了以城镇为中心的文化格局。

因此，河西丝绸之路屯垦商业文化，首先勃兴于商业贸易频繁的地区，最终由繁华商埠逐渐转化为文化名城重镇。在屯垦制度发展的同时，外来宗教文化的融入，以及先进的汉文化回流于丝绸之路，使建筑趋向于地域多元化的发展形势。如民族迁徙对长安建筑所带来的风格变化，在《旧唐书》198卷《拂菻国传》中有所描绘："至于盛唐之节，人厌嚣热，乃引水潜流上遍于屋宇。机制巧密，人莫之知。观者惟闻屋上泉鸣，俄见四帘飞溜，悬波如瀑，激气成凉风，其巧妙如此。"这种将水引到高处，再使水如瀑布般流下的降温建筑，本是东罗马帝国、波斯帝国普遍采用的建筑工艺，却随文化交汇的历史潮流，进入到中原地区[1]。

从河西走廊历史人文生态因素入手，通过地域环境、地理气候、古文化遗址、河西城镇的形成发展，以及人文环境、生态文化和丝路文化交融等方面，对地域建筑形态形成的诱因进行了研讨与梳理。目的在于分析河西走廊早期生态环境与人文因素的互为关系，论证早期生态环境更多地受制于人为因素参与改造自然的行为，同时也长期处于改造自然、适应自然的活动状态，该形态的梳理为溯源河西地域建筑形态的发展，作了有理可据的地域生态文化初步研究，为引入河西现存地域建筑形态的解析，作历史文化、人文因素的解读。对河西曾经的丝绸之路艺术文化迹象的研究表明，丝绸之路上的文化繁荣深入到不同民族的角角落落，在这样的文化背景之下，不同的丝路建筑文化源于不同文化的深度交融。只是当下经过历史无数次的洗礼之后，很难再看到丝路影响下建筑的原貌，如今只有通过壁画等绘画历史影像解析还原其面貌[2]。

---

[1] http：//zhidao.baidu.com/link?url=qAXLygXNO4xYcuMC9X1Na48s88cviN6p-Tz8TkQWnn9aVDvEaTMsnKm3OtUdaVg7XstIiXvnqzo2hgC-afJ8TK.

[2] 本文通过第三章第四节展开河西壁画建筑影像与地域建筑遗存分析，论证了河西可能存在的地域建筑形式。

第三章 河西历史地域建筑形态的类型

本章节主要从河西现状遗存的大量军堡、村堡、城堡、私人堡寨来分析。什么样的建筑形式，是河西特有的地域建筑形制？同时，该形制保留的根源在哪里？河西所经历的不同历史时期，遗留的地域建筑，是否由河西特殊的人文地理生态环境促成？同时，繁荣与废弃、兴盛与破败之间的原因在哪里？20世纪以来河西走廊沙漠扩张、冰川消退、农牧衰退、黄土蚀积等脆弱的生态环境局面的形成，是多年来多民族交融杂居，地域人文、干旱半干旱型气候和地形地貌构造运动等，多种原因引起的变化。通过解析人文因素对地域建筑的影响，进一步从河西走廊庄堡防御体系的建立和当下地域建筑形态实体两方面展开剖析，讨论地域类型为"村堡—军堡—城关"丝绸之路河西地域防御体系。同时，在现有的石窟与墓室壁画中，寻找相关地域建筑形态，进行认真分析，寻找河西地域庄堡不同于其他地方地域建筑的独特性与典型性。通过生态视域下对河西走廊古城址的分析，认知生态地域聚落的特殊形式和当地的固有地域建筑形态；梳理现有河西地域不同形态的庄堡遗存现状，揭示河西以"庄堡"为特性的地域民居的社会文化与自然环境的关系，明确河西庄堡地域建筑存在的合理性，从而为河西所特有的建筑形态"走向"分析作进一步铺垫。

第一节　河西庄、堡建筑的历史地位

地域民居建筑是历史中最常出现的建筑形态。中国先秦时代（公元前221年），"帝居"、"民舍"都称为"宫室"；从秦汉起（公元前200~公元200年），"宫室"专指帝王所居，而"第宅"专指贵族的宅院。汉代规定列侯公卿食禄万户以上，门当大道的住宅称为"第"，食禄不满万户，出入里门的称"舍"。时至今日，人们习惯于"将宫殿、官署以外的居住建筑统称为民居"。[1]那么，河西走廊地域建筑的特点在生态地域环境中又保留着何种民居建筑形态，及其值得关注的历史特性呢？

丝绸之路段——河西走廊沿线是少有的古城址密集地域，是古丝绸之路遗留的一笔珍贵遗产。河西的气候特点，决定了自然环境条件对民居建筑艺术风

[1] 中国大百科全书：建筑、园林、城市规划 [M]. 北京：中国大百科全书出版社，1988：327.

格具有巨大的影响，干燥、干旱、多风的条件使夯土和土坯砌筑工艺盛行。如今，早期聚落建筑在历史的变迁中已消失殆尽，在广大农村地区保留了少量体量巨大的堡寨建筑，及以堡寨为中心的小型聚落。在研究这些古城址历史面貌与演变发展脉络的同时，可进一步探析城市在地域生态环境的基础下，河西走廊各类不同城址、庄子和堡子的建制特点，以及环境的变迁信息。借古开今，发现河西历史上所具有的西北地域民居形式，"庄堡"地域建筑的起源与发展的一般规律，以及其当下发展脉络延伸的地域形态特点。河西历来由于其特殊的历史人文背景，建筑结构独特，在对河西的现场调研走访中，当地住户皆以"庄子"或"堡子"称呼遗存的夯土建筑，在甘肃大部分地区，一个庄子也是一个堡子，因此在本文中为便于阐述统称为"庄堡"建筑。

一、河西走廊东西分布的戍守防御体系

河西走廊在城镇的发展中依靠三大水系的支撑，形成以绿洲为中心、东西走向的排布形式。在早期聚落营建中，选址主要是在河流绿洲所形成的冲积扇一带。随之逐渐向上游发展，并且城址在交通干线与河流的交会点附近密集型排布；河西城镇由东向西的排布分布并不均衡，中东部呈现密集型，尤其是明代嘉峪关的建立，而西部仅有敦煌。河西走廊从现代卫星陆地照片上观测：地形地貌沿狭窄长廊分成四组城镇群：嘉峪关—玉门—酒泉城镇群；张掖—山丹—临泽城镇群；金昌—武威—永昌城镇群；敦煌—安西—柳园城镇群[1]。说明河西城镇的分布由自然环境和社会经济的发展程度所决定。

总体上来讲，从西汉至清虽然经历了三次农耕高峰，但只有清朝时城市发展最为全面，既是军事交通重镇，又是边关要塞的经济繁荣型城镇，当然这与清代采取的闭关锁国政策不无关系。自汉代设郡县以来，据历史记载明代在河西走廊注重维修城堡或重建城镇（表 3-1），边陲要塞重镇的修复加强了对疆域的控制，展示了城镇的重要作用。

堡：《辞源》："堡，堡障，指土筑的小城。"《康熙字典》："《礼记・月令》：'四鄙入保'，注曰：'小城曰保，又都邑之城曰保。'"《晋书》："（徐崇、胡空）各聚众五千，聚险筑堡以自固。"[2] 寨：《辞源》："寨，也作砦、柴，防卫用的栅栏、

---

[1] 马鸿良，郦桂芬．中国甘肃河西走廊古聚落文化名城与重镇 [M]. 成都：四川科学技术出版社，1992：26.

[2] 晋书苻登记载 [M]. 北京：中华书局，1974：15.

河西走廊主要城堡建筑与维修年代　　表 3-1

城堡名称	修筑年代及方式	城堡名称	修筑年代及方式
宿州城	万历二年（1574 年）砖包宿州大城	卯来泉堡	万历三十九年（1611 年）筑
姑臧城	万历二年（1574 年）大城用砖包砌	金佛寺堡	嘉靖二十八年（1549 年）展筑
镇番卫	洪武二十九年（1396 年）在今民勤县小河滩置镇番卫	两山口堡	万历二十六年（1598 年）筑
		何靖堡	万历四十四年（1616 年）作为民堡
赤金蒙古卫	1410 年建置	中和清堡	万历三十一年（1603 年）改为双井堡
嘉峪关	从嘉靖十八年（1539 年）开始修建西长城，至万历元年（1573 年）修完东长城、北长城	下古城堡	嘉靖二十八年（1549 年）展修城垣
		—	—
野麻湾	万历四十四年（1616 年）筑	—	—
新城堡	嘉靖二十八年（1549 年）展筑	—	—

（资料来源：作者整理绘制）

营垒。”[1]《汉语大词典》：“扎寨之意；还有村庄、村落之意，并多用于地名；堡寨，又称堡砦、堡聚，是用土墙、木栅栏构筑的战守据点”[2]；《文献通考·田赋七》：“又置堡寨，使其分居，无寇则耕，寇来则战。”

寨的建筑规模次于城，多为驻军设防的小镇，也有民间堡寨是堡与寨的合体关系，因此堡寨防御为当今专属的一类建筑体系。堡子在广义上指有城墙设施的古代集镇、村庄或堡寨，狭义上指土堡建筑物，在广义与狭义上，河西走廊的堡子最为全面地解释了其概念。《马可波罗游记》记载当时肃州路沿路皆有城堡，其中既有军堡又有民堡。《甘州府志》记载，张掖县有梁家堡、东王堡等 27 座；东乐县丞（民乐县）有东乐堡、黑山堡等 14 座；山丹县有永兴堡、暖泉堡等 34 座；抚彝厅（临泽县）有广屯堡、沙河堡、倪家营堡等 26 座。[3]

城：“城”字本身形声，“土”指阜堆。“土”与“成”联合起来表示“完全用土垒筑的墙圈”、“百分之百的土筑墙圈”，本义为城邑的防卫性墙圈[4]。东

---

[1] 辞源（第三册）[M]. 北京：商务印书馆，1988：619.
[2]《汉语大词典》第二卷 . 湖北辞书出版社 . 四川辞书出版社 .1990 年版 .1015 版 .P534
[3]（清）钟赓起 . 甘州府志校注・卷五・营建 [M]. 张志纯等 . 兰州：甘肃文化出版社，2008：171.
[4] http：//baike.baidu.com/search?word= 城 &pn=0&rn=0&enc=utf8.

汉许慎《说文》："城，以盛民也。"城的概念是在历史的变革中发展形成的，其形式大于堡寨，是具有民用与军用双重功能的防御性构筑，一些筑有防御墙体的村落也以城命名，如张掖高台县的南武城，完全是民间堡寨的特性。

在特定时候，城与堡寨并没有特别严格的界限。堡寨在满足居住的前提下，还具有抵御外侵、防御内乱、安全庇护的作用，既含有"居"的主体，更强调"防"的特殊性。因此，如今河西走廊地域的"庄堡"，依然保留着其传统的防御性特征。

二、汉代河西四郡城池开设的历史格局

汉武帝元狩二年始，西汉在河西走廊先后设置武威、酒泉二郡，后又分武威设张掖郡，分酒泉设敦煌郡；四郡名称的命名均有暗含之意，其中"张掖"："张国臂掖，断匈奴右臂"，"酒泉"在《汉书·地理志》注引中有：其水若酒，故曰酒泉；"武威"、"敦煌"均显示了河西的威武盛大之意。"丝绸之路"从我国秦汉唐的政治、经济、文化中心长安起始，一条是关陇南道，经宝鸡、天水过黄河经兰州至武威；另一条是关陇北道，经泾阳、高平、会宁过黄河至武威，南北两道最终会合于武威绿洲。自武威至敦煌的干旱地区为丝绸之路东段[1]——河西走廊，以绿洲为核心的河西四郡，是多民族游牧或定居之地，因多民族交融的区域变化使河西地理区域变化较繁复，人口也在繁盛与衰落之间变化（表3-2），最为繁盛之时唐代河西四郡得到进一步发展，唐初凉州（武威）成为河西最大的都会，有诗为证："凉州七里十万家，胡人半解弹琵琶"。

河西地理民族区位分布[2]　　表3-2

序号	方位	民族
1	北面	最初是匈奴，后来是突厥人，再后来是回鹘人
2	南面	吐蕃人
3	西面	是塞种人、雅利安人、月氏人和乌孙人

河西四郡在历史的格局中占据了重要的天时地利，因此历经各代发展，虽

❶ 丝绸之路分为东段（中国河西走廊境内）、中段（中国新疆境内）、西段（葱岭以西）。钱云，金海龙等．丝绸之路绿洲研究[M]．乌鲁木齐：新疆人民出版社，2010：26.

❷ 根据钱云，金海龙．丝绸之路[M]．乌鲁木齐：新疆人民出版社，2010：33整理成表。

在历史波段中几经沉浮，但是其所占据的历史地位不容忽视。作为中原通往西域道路起始点的古凉州（武威郡），被称之为“通一线于广漠，控五郡之喉襟”，因此其所处的地理位置，也是河西各民族经济贸易交流的中心，甘州（张掖郡）既是古代中西交通的孔道和门户，又是沿若水河谷南北交通线[1]的汇聚点；肃州（酒泉郡）至今酒泉鼓楼题刻门额有“东迎华岳”、“西达伊吾”、“南望祁连”和“北通沙漠”等内容，言简意赅地点明了酒泉郡的地理位置及其河山襟带的河西保障之咽喉地势；瓜州（敦煌郡）西出西域交通分为南、北、中三道，也是丝绸之路中段的结束点和西段的起始点，因此在战略上一直处于边防前沿之地。敦煌西出道路交通四通八达于西域，横贯亚欧。纵观河西走廊丝绸之路古道，城堡密集之处定是东西南北交通交会的肥沃绿洲之地，也通常为名城重镇。河西四郡各代的设置，虽几经变更，但总体处于密集繁华的都市城区。在贸易、交通各方面为丝绸之路作出了其特殊的历史贡献。

汉代丝绸之路开通之后，商贸交易频繁。河西四郡的设立加强了城关的边防建设与管理，形成了区域内一定规模的繁盛，促进了城镇文化交流和聚落的稳定与发展。为了保障丝路沿途贸易安全和抵御风沙的侵害，历代以军事建筑为特点的堡寨建筑被延续和保留下来，形成了河西沿线独有的建筑特色。

第二节　河西走廊的“城关”与“堡”

中国河西历史上匪祸不安的环境，造就了城关与军堡存在的前提，我们尤其能从表 3-1 看出明代对城关修复的重视程度，以及城堡在河西所占的比例，同时表中还有一重要信息，即何靖堡于万历四十四年作为民堡，说明村堡与军堡之间存有转化关系，并非一成不变。因此，从城关的形态、功能和防御心理等角度，可见古代城邑与村堡保持着一定的一致性，除了等级规模之间的不同外，二者之间更大的不同在于官式与民式政权性质的差异，同时还存在规模等级小于城关，而大于村堡的军堡形制。

河西走廊历史城关记载整理（表 3-3）。

[1] 居延古道，居延古道早于丝绸之路，为匈奴南下河西走廊的通道。李严．明长城“九边”重镇军事防御性聚落研究 [D]. 天津：天津大学博士论文，2007.

当今河西主要古城址遗迹一览表　　表 3–3

序列	遗址名称	年代	面积	用途
敦煌古城				
1	西汉敦煌城	公元前 100~前 92 年	—	敦煌郡城[1]
2	十六国敦煌城	公元 304~439 年	—	子城 + 罗城，子城为官厅衙署驻所，罗城为聚落与贸易之地
3	唐宋沙州城	公元 618~1036 年	城周长约 6000m，壕内约 $2.4km^2$	城壕 + 羊马城[2] 城池里坊制式的大街小巷排布
玉门关城				
1	小方盘城	汉代	城内仅有（230~630）[3] 余平方米	正方形城垣，开西、北二门，玉门都尉治所，用于驻守人员的居所障坞遗址地理位置恰是丝绸之路西出南、中、北道的关口要塞
2	大方盘城—河仓古城	汉代	东西长 134.8m，南北宽 18m	夯土版筑长方形，玉门关守卒粮仓，供应将士及官员使节、过往客商食宿，重要的军事组成部分距小方盘城 15km
3	阳关城	汉武帝元鼎三年始建（公元前 114 年）	—	阳关县城与都尉治所城址荡然无存
安西古城				
1	悬泉置驿站遗址	西汉	—	坞、传舍、厩、仓等部分组成驿站，汉代边郡传递公文和接待过往国外使者而设的驿所，西距敦煌 64km
2	锁阳城（苦峪城）	明永乐三年（1405 年）	—	位于安西桥子乡南坝正南 7km 处的戈壁滩，蒙古部落临时驻牧地，或哈密人的避难所，属各部族的混居地，明代嘉峪关外的东西交通必经之地
3	唐瓜州城	雍正十一年（1733 年）	城周约 2.5km，东西城门两座，文武衙署 10 座	大量官兵驻守居地

---

[1] 唐代改郡为州，遂名沙州城。

[2] 城壕内侧与城墙外侧加修隔墙，以备交战时安置羊马牲畜之用。

[3] 马鸿良，郦桂芬 . 中国甘肃河西走廊古聚落文化名城与重镇 [M]. 成都 ：四川科学技术出版社，1992 ：111，其中写道小方盘城城垣正方形，仅有 $230m^2$ 左右；边强 . 甘肃关隘史 [M]. 北京 ：科学出版社，2011 ：493，标注面积为 $630m^2$。

续表

序列	遗址名称	年代	面积	用途
4	苦峪新城	明正德年间	东西 430m，南北 470m	瓜州治所，今苦峪城东北戈壁滩
5	破城子	—	—	城东南角墩修公路时炸毁
6	百齐堡城堡	1728 年	清雍正六年城堡四边为 289m	兵防营讯堡，设营讯千总都司署，通哈密之要隘，后因缺水于 1734 年向东南移建
7	六工城堡	—	东西 280m，南北 360m	大城 + 小城
塞上名城与皇城故址				
1	酒泉城	—	—	历来为州、郡、府所在地
2	禄福城	公元前 121 年	—	西汉、东汉城池，立郡县
3	显德城	新莽	—	—
4	福禄城	东晋永和二年（公元 346 年）	面积 $0.6km^2$	在古废墟上重新筑建（今古楼以西）
5	肃州城	隋开皇三年（公元583年）	—	—
6	酒泉城	唐	—	—
7	酒泉城	明洪武二十八年（1395 年）	面积 $1.3km^2$，扩展筑东半城；明成化二年（1466 年）面积 $0.32km^2$，扩展筑东关厢	万历二年（1547 年）用青砖包砌肃州大城
皇城古城与紫金城				
1	皇城	—	现存城墙残高 3~5m，墙基宽约 3m，外径东西 344m，总面积 $102512m^2$，南北 298m	村落遗址 + 驿站，汉乐涫县、唐福禄县治所，皇城位于酒泉城东南百里处，曾是重要的交通驿站
2	紫金城	万历年间	城周长 750m	东西南北各有相距 30km 左右的堡，防御性军事城堡，后变为民堡
居延古道上的古城与甘州古城				
1	大湾城堡	考，始于汉	总面积 350m × 250m	后经重修城堡及瞭望台，据考是汉代肩水都尉所在，金塔县天仓乡北 10km 处黑河右岸保存完整

续表

序列	遗址名称	年代	面积	用途
2	地湾城堡	—	面积 22.1km²❶ 城基部位厚 5m，高 8.4m	金塔县天仓乡北面黑河右岸的戈壁滩上。据考是汉代肩水侯官所在
3	南古城（角乐得新城）	汉时匈奴筑	南古城方形，城址东西 248m，南北 222m	东西正中开门，筑长城，城墙四角似有角楼街巷建筑布局，张掖市下崖子村西城驿沙窝内
4	北古城（角乐得旧城）	汉时匈奴筑	与南城相似，东西 245m，南北 220m	北古城门开，南面为匈奴角乐得王所居之城，距离南古城 2km。
5	骆驼城	汉唐古城	正方形城址，边长 380m	宫城、皇城和外郭，各代设名称不同的郡县，因摆浪河下游水资源匮缺而废弃，濒临黑河支流，摆浪河下游南岸，高台县西部明海沙区
6	仙提古城	东汉	—	以扼边夷与万岁、山丹构成犄角，成为山丹之门户，西晋统一后此古城逐废弃。位于山丹县位奇乡十里堡村西北 2.5km 处
7	张掖古城	—	外城周长 4650m	处南北居延古道、河西东西丝绸之路、扁都口丝绸之路古道的三线交会点，古称为永固古城，春秋战国时起称小甘州，多民族聚集地。现存内外城，清康熙年间在旧城内筑新城曰永固，也曾是丝绸之路上的商埠，曾具有国际贸易市场的职能
8	山丹城	明洪武二十四年（1391 年）	周长为 3674m，高 8.4m	开东、西、南三门，乾隆二十四年（1759 年），大水冲毁南关城郭，1760 年重建。城市职能齐全，清末民初城内按四街九巷排布，城区占地面积 4km²。山丹城周边存有大量封建地主家族为核心的庄堡，以及军事防御城邑
金昌				
1	古凉州（武威）	西汉	—	古称为姑臧城，匈奴筑，南北 7 里，东西 3 里，周长 20 里。前凉时的西城厢傍中城而筑，从北城北门到南城南门共有 10 个门，每条街有 6 个城门，两条街共有 22 个城门，河西丝绸之路上繁华的都会

（资料来源：作者整理绘制）

❶ 此面积不确定，有待考证。

从表 3–3 中所列出城堡的数据资料，可以发现具有保境安民作用的城堡，在河西几经动荡的历史中得以稳定发展，同时在军垦民屯的新一轮移民和开发中与农牧并肩而行。清代随着国土边防的统一，历来所建城堡关隘驻防的军事职能意义逐渐减弱，大多作为军站、邮驿或税卡存在，继续发挥职能的仅是官府守御地方安全、交通管制、传舍商旅的功能职责，并且经过近百年的社会变迁，大多“关堡”因失去了本身的防御功能意义渐于废弃，如表 3–3 中紫金城（万历年间）最初为防御性军事城堡，后变为民堡。

通过以上对河西现存古遗址的列表分析，能从各城址的兴建废弃变化中看出其存在以下特点：

（1）三大水系所形成的支流脉细，可能因为河流中游形成下切[1]或下游河流摆动致使“关堡”埋于戈壁沙漠之下，因此地理生态环境优越的绿洲城址，也会因生态地理环境恶化衰亡，其原因在于长期的生态变化影响。如张掖黑水国古河床淤高，最终水流改道而废弃，骆驼古城因下游的河流摆动被废弃。

（2）民族性、政治类的军事职能城址，通常根据战时格局的不同而变化，其兴衰更多是人文因素交错，因此生态环境对其影响不大，其特点是兴衰时间相对比较短期。如仙提古城因地域的统一失去了防御作用，以及“因崖为城”的交河故城，当失去军事意义时因交通生活的不便自然废弃。

（3）部分城址与堡寨因占据交通扼要，同一片土地下历代城址交替。如“河西四郡”在各代都充当城市的政治、商贸活动的集中场所而存在。

（4）邮驿因特殊的传递职能与各地“关堡”相依而生，其分布主要占据丝绸之路交通纵线的主动脉。

（5）不同历史时期的农牧业交替对生态环境的影响，使植被荒漠化。绿洲植被人为的破坏致使水文条件恶化，间接地对聚落赖以生存的地域建筑产生影响。

（6）部分古城能从城址看出城市的建筑空间区域分布的街巷，每部分群落坊坊之间有坊墙相隔，同于唐代城市里坊制度格局，如山丹古城。

---

[1] 当河流纵坡大，坡陡水急，含沙砾石多，而用于屯田修渠灌溉，却因排沙技术有限致使沙砾沉积各级渠道，对整个灌溉面所引起的土地沙化，最终形成戈壁滩。

第三节 “村堡”—“军堡”—“城关”地域建筑类型

分析遗留“村堡”、“军堡”、“城关”的防御性特征，目的是认知军事村堡的外在形制与城关规模的互为关系，同时从所遗留的军事堡寨的建造、变迁、废弃中理解生态环境对地域建筑的影响。研究军事聚落内外构成的联系，包括“村堡”、“军堡”、“城关”空间分布及建筑艺术的特点，从村堡—军堡—城关演化的递级关系发现相互之间的特点。在“堡”的地域建筑案例分析中，主要针对村堡地域建筑形式展开，作详细案例分析，对于官式的“城关”作简要分析。如精选的河西现存几经修复的嘉峪关，以及现已不存的阳关、玉门关和残迹野麻湾村堡等皆为军堡性质，其建筑防御、土性材料和空间的围合，都与村堡地域生态建筑如出一辙。据唐顺之《塞下曲赠翁东厓侍郎总制》载：“灃川冰尽水泱泱，堡堡人家唤时秧。”清顾炎武《与王山史书》载：“定于观北三泉之右，择平敞之地，二水合流之所，建立一堡，止用地四五亩，缭以周垣，引泉环之，并通流堂下。”[1] 这些文献的记载都很好地描绘了西北地区村堡相连的历史画面。

根据河西走廊的堡寨职能划分修建方式，可分为三类：

村堡（民堡）：聚落或村落内部民众集资修缮用于集体防御匪祸的堡寨构筑物或历代官僚、富豪劣绅修建的堡寨；

军堡：处于险要地势或交通枢纽要冲之位，用来防御、备战的构筑物；

城关：历代为屯田戍边展开的系列军事活动而修建。

甘肃现遗留大量土坯砌筑、夯筑堡子（堡寨、屯庄），通过资料所知甘肃境内现存有752座土筑堡子，经整理可知，河西走廊现存72座（表3-4）。河西夯筑、土坯技术工艺成熟，现所存为数不多的民堡主要为明清遗留，社会动荡时群众为防卫自保而修建的堡寨建筑。

河西走廊生态地域建筑的特殊形态——庄堡，其建筑外形接近“庄窠”形式，其不同在于，体量比庄窠大，多为汉族修建的“村堡”、“军堡”、“城关”，堡寨通常外围墙为夯土版筑，堡墙内部房屋建筑为土坯砌筑。河西走廊属于多民族聚居区域，经过丝绸之路的政治、经济、文化的交融，地域建筑堡寨为汉

---

[1] 罗竹风. 汉语大词典 [M]. 上海：上海汉语大词典出版社，1989.

族堡寨形式，且多受关中汉文化影响，堡内建筑基本沿用关中传统四合院的格局。在具体的建造中，河西民众根据地方生态环境要求，相应的局部稍有变化，略有不同。

河西走廊现存古代民居（土筑堡子（堡寨、屯庄））建筑数量统计表[1]（图表资料整理）　　表 3-4

市（州）	县（区）	土筑堡子（堡寨、屯庄）（座）
金昌市	金川区	
	永昌县	
武威市	凉州区	
	民勤县	4
	古浪县	
	天祝县	
张掖市	甘州区	3
	民乐县	5
	高台县	
	山丹县	22
酒泉市	肃州区	9
	瓜州县	13
	肃北县	3
敦煌市	玉门市	11
	敦煌市	2
合计：72		

（资料来源：作者图表整理）

一、“村堡”

民间村堡由于一方面适应西北地区气候干旱、冬季寒冷、春秋季风等较为严酷的自然生存条件，另一方面高大墙垣防御功能也满足了河西特殊的历史人文背景，而被广为修筑。现今河西留存民堡构筑的主要来源有[2]：

[1] 唐晓军．甘肃古代民居建筑与居住文化研究 [M]. 兰州：甘肃人民出版社，2012：10-20.
[2] 唐晓军．甘肃古代民居建筑与居住文化研究 [M]. 兰州：甘肃人民出版社，2012：226-229.

第一，古代防卫堡的继承和延续。防御堡寨源于汉魏时期的坞壁建筑[1]，东汉时被民间的富贵之家采用以防匪祸；魏晋时期北方战事频繁，坞、壁、营、堡等大型防御性建筑、构筑物逐渐流行于民间用于民事自卫。甘肃各地现存大量堡寨是古代屯田堡、驻军堡等民间化的产物。

第二，清末民初，战事频繁，匪盗猖獗，各地村民为防匪祸而修筑的防卫堡。甘肃省留存的清末民国时的大量民堡主要位于陇中陇东一带，其原因清政府本身摇摇欲坠，鞭长莫及，难以管辖作为西北边远地区的甘肃境域，进而产生了政府倡导、军民共建行为。加之河西走廊为特殊的多民族聚集地，特殊时期的民族矛盾升级等问题，都导致民间各地村民为自保而修筑堡寨的自然行为。

第三，除以上两点外，中国根深蒂固的光宗耀祖文化使然，使高墙大堡与中国传统的深宅大院如出一辙，因此当地的地主、官绅、商人富甲高度重视自家堡寨的防卫设计，来彰显个人的社会地位和财富。

1. 村堡案例一——瑞安堡

河西走廊民居仍是以类似于关中四合院为主的居住形式，不同之处在于为了适合地方的多风沙半干旱性气候，整体完全为“生土”砌筑，注重针对河西气候防风隔沙、昼夜温差大等特点，起保暖与隔热的生态防护作用。院落常规外墙体为敦厚高大的夯土墙，四周除院门外封闭整体，对外不开窗，且院落相对关中天井明显窄小。庄堡四合院内部（图 3–1）平面布局从形式上与关中院落外貌相似，但院落特征却又完全不同，关中民居房屋屋面陡峭抑或建筑屋体单边盖（图 3–2、图 3–3），屋面以灰瓦或红瓦为主，而河西一带多为平顶和双坡卷棚屋顶（图 3–4、图 3–5）。因一年四季降雨量的缺乏，屋面防水仅以草泥抹面，不挂瓦，房屋沿中轴线对称布置。普通民居没有附属院落，仅以四合院为基础院落，院落主房与厦房基本同高，因此院落天井窄小，主房与厦房墙体紧密相接，不见山墙。从图 3–1 中可知瑞安堡与党家村院落内部的基本院落形式相似，表现为前院、中院、后院多套院落形式。笔者在考察河西走廊建筑的过程中发现，保留最完整的属地处河西走廊民勤县的瑞安堡[2]，而我国西北地区此类地域建筑形式被完整保留下来的已为数不多。

---

[1] 坞壁为古代边塞用以屯兵守卫的小型城堡。

[2] 建于民国二十七年（1938 年）的瑞安堡，位于武威民勤县南郊三雷乡三陶村，是原国民党地方保安团团长、大富绅王庆云的私人庄堡。

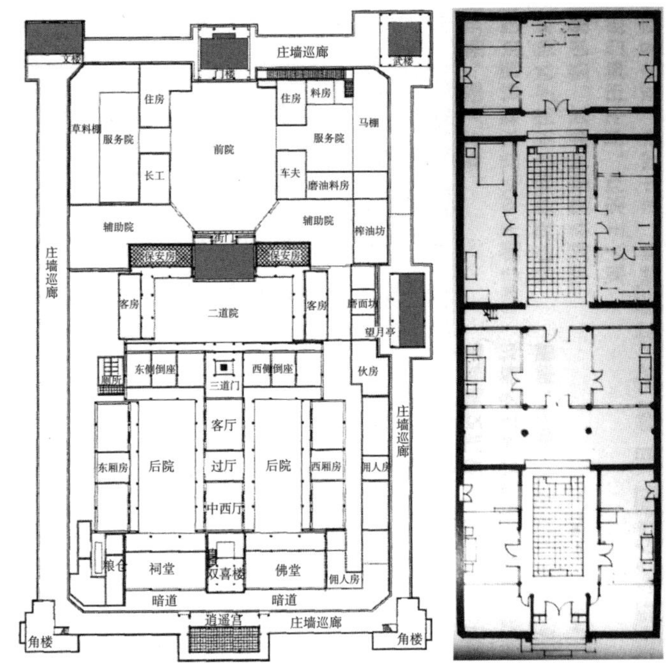

图 3-1　瑞安堡平面（左）、关中党家村某宅平面（右）
（资料来源：网络（左）、《中国传统民居建筑》（右））

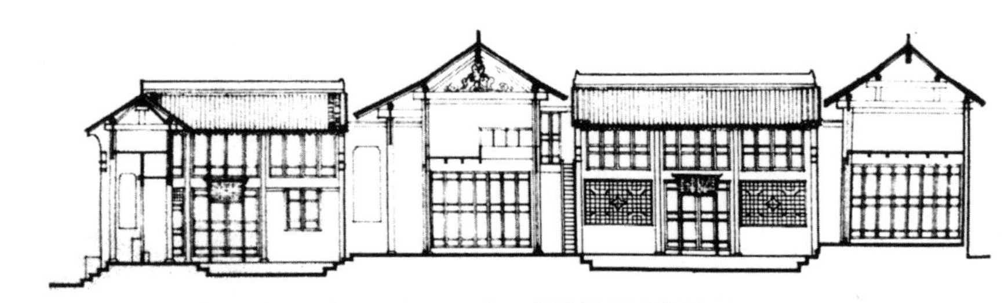

图 3-2　党家村某宅纵剖面（资料来源：《中国传统民居建筑》）

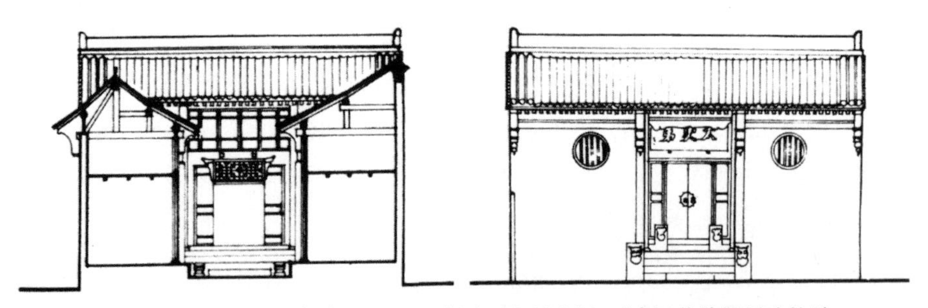

图 3-3　党家村某宅横剖面（左）、正立面（右）（资料来源：《中国传统民居建筑》）

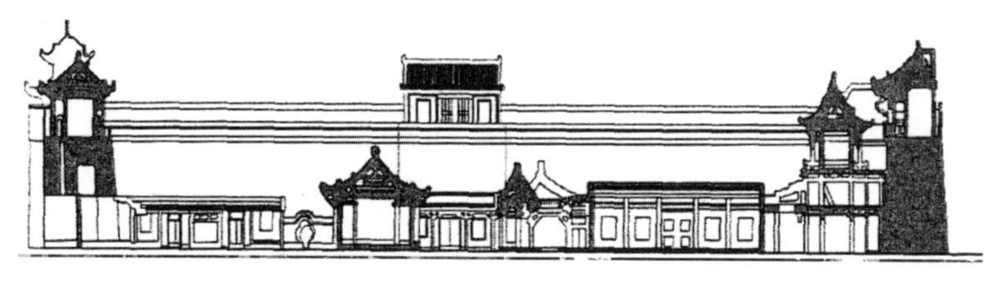

图 3–4　瑞安堡纵剖面（资料来源：网络）

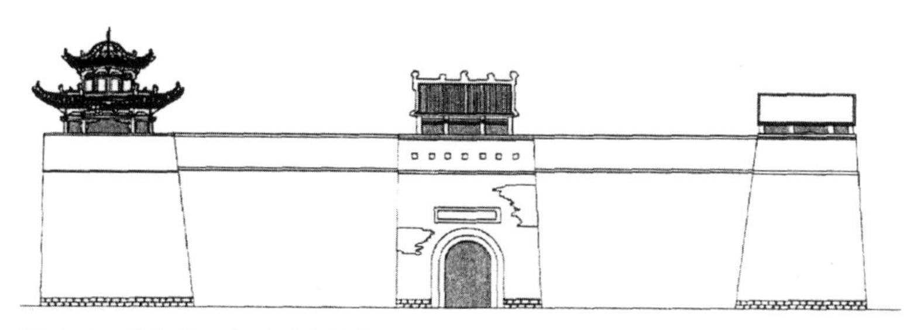

图 3–5　瑞安堡正立面（资料来源：网络）

瑞安堡由于所处为特殊的历史时期，不同于政府职能的军事城堡，是地方豪绅生活与防御两重性质的军事堡寨建筑。其总体建筑功能布局介于高约 10.8m，宽 9.2m 的外围保护性结构夯土墙，堡身呈坐北向南状，南北长约 92m，东西宽约 54m，占地面积约 5000m^2，建筑面积约 2300m^2，堡内有大小建筑 140 余间，主次 8 个院落，堡墙上亭台楼阁 7 座。建筑外围有城堡南门，城门两边设有西北角楼文楼、东北角楼武楼，其下层为单间回廊正方形四角飞檐，上层为六角攒尖顶。两个角楼东西对望，取文武兼修之意。整体院落最高处为逍遥宫，为满足主人的雅兴还在东面堡墙墙基上建望月亭；逍遥宫两侧设安防瞭望楼，建筑远观宏伟壮观，可与官式建筑类防御设施相媲美。瑞安堡遵循中式建筑轴对称的建筑形制格局横贯南北，分前院、中院、后院三进院形式，依次而入直至逍遥宫，主要厅阁建筑也有歇山、悬山、硬山、卷棚、盝顶等多种结构相结合，院落内部主要为一层建筑延展，城墙上一米有余见宽的巡房跑马道，形成防御驻守之用，起着外可御敌、内可查情的双重防护作用。其建筑特点主屋屋架形式为木结构，整体为起脊泥顶，不同于关中，其所用瓦很少。以上能看出瑞安堡在建筑形式上经过了缜密的思考，高大墙体在御敌的同时，对于河西地区沙尘气候有一定自身的小气候防护作用。其内外兼修的军事堡寨在西北庄园式城堡中可谓首屈一指，通过表 3–5 的分析可见详细分布特点。

按空间进深序列排布　　表 3–5

1	庄堡南墙拱券形堡门，面阔三间硬山式门楼（图 3–6（*b*）），与堡门之间设有防御攻击砸孔，考虑火势攻击而用生铁包门，并密施铁铆钉，砸孔可以浇水，防火强攻
2	进入堡门首为占地 130 余平方米的前院，两侧分东西两偏院（图 3–6（*f*）~ 图 3–6（*j*）），东偏院为卫兵住房和长工住房，西偏院为车夫住房、草料房、磨坊、马厩、饲养员住房和通往堡墙的斜坡马道，完善了庄堡防卫驻守与方便出行车马的配备功能，也可看出这是精心策划的第一道戍守防线
3	前院进入面阔三间中厅为过堂的二道门整体为硬山式土木结构，梁柱施彩绘，木雕精细别致。呈东西向窄长的中院占地面积约 60~70m^2，留作客用的东西厢房和倒座围成一座回廊式天井四合院（图 3–6（*f*）），是主家会客接待之地，也可称之为真正功能意义上的客厅，抑或门厅
4	三道门功能完全是家族的日常活动场所，从私密角度考虑三道门明显小于二道门，门额携有“琅環福地”牌匾，建筑为勾连搭形式，前为歇山顶，后为盝顶（图 3–6（*a*）~ 图 3–6（*h*）），盝顶上做天井，既满足采光又可作分流通道，两侧耳门可步入东西后院
5	后院由三道门盝顶天井向北，勾连搭五间卷棚屋面的轴线将后院分为东西两院（图 3–6（*e*）），由过厅将二者东西贯通。东后院面阔五间、进深二间的上房为祠堂，结构为九架前出廊硬山顶式建筑，后院东厢房为长辈用房，结构为七架前出廊卷棚建筑，硬山式倒座为晚辈用房；西后院为书社与私塾用地，西后院三间上房为佛堂，东西两院貌似布局相似，但西院书房用地进深和开间略小，回转西院厢房两侧可进入西侧再次延展出的偏院，其功能用于家眷、佣人的住房。东西两院建筑形式古朴、典雅、一致，均回廊绕庭，在细部的处理上是严丝合缝，整体三进院落即使在巡廊上观其全貌也不觉凌乱，反而由于屋面卷棚勾连搭的巧妙处理方式，只觉屋面形成有动感的韵律，其起脊泥顶的制作工艺完全符合河西的地域民居做法
6	院落轴线终端为单间回廊方形“双喜楼”楼阁，结构为三层单檐歇山顶，内有木梯可扶摇直上北堡墙顶端的逍遥宫（图 3–6（*c*）），此处可全视院落全景，亦可欣赏夕阳余晖，感受光线在建筑群落中的起伏变化。双喜阁与逍遥宫依次升高，呈前后层次关系，远望似乎将逍遥宫呈托起之势，为建筑的高潮奠定视觉的审美需求，逍遥宫的亭阁虽小但精巧有致，木作繁复不失雅致，狭窄只容一人上下的绕廊为单檐歇山顶建筑，可与前堡门楼遥相呼应形成对景，同时特殊情况之时可直接通报信息，成为整个军事堡寨掌控全局的核心
7	居西墙正中而建的望月亭顾名思义为夜半赏月之用，建筑结构为前出廊硬山顶式敞亭，整体面阔三间，进深一间，其特别之处在于室内地下设有通往堡外的暗道，暗道完全沿堡墙修建，充分体现了军事防御的作用
8	西北角和东北角建瞭望楼，下设巡房，瞭望楼上层向外部分外挑的哨台遇到攻击时，可利用砸孔掷砖石阻击或射击，砌外挑哨台利于掌控城堡死角，便于全方位防御，同于城墙上的马面防御之用，瞭望台与前门楼可通过堡墙所设的跑马道迅速围合，城堡夯土墙全长 300m，高 12m，顶宽 2.5m，底宽 7m，墙外缘设高 2.2m、厚 0.5m 的女儿墙，巡房和女儿墙上遍布射击孔，墙内缘设拦马墙，安全坚固
院落特点总结：瑞安堡整体建筑以南北中轴对称布置，院落三进院的群体组合，将家族性质的多种生活功能融为一体，使空间既相互联系又独为体系。院落是集居住与防御为一体的军事堡寨建筑群，也是西北河西走廊地域民居建筑的代表作。	

（资料来源：作者田野考察绘制）

图 3–6　瑞安堡院落整体面貌（资料来源：作者自摄）

2. 村堡案例二

秦延德故居建于 1921 年（辛酉年），是民国时期西北地区典型的庄园式建筑，保护完好，木刻及砖雕精美。是研究武威民国时期民居不可多得的实物资料❶（图 3–7）。整体院落坐北向南，院落内部平面基本为方形，院墙南北各筑一座护院墩，背面已经坍塌。院内建筑从南向北依次为倒座、东西厢房、堂屋、伙房及储藏室。院墙为夯土版筑，覆斗形。南墙偏东筑护院墩（图 3–8（*e*）），墩下部正中开正门，正门为条石和青砖砌筑。门额正中题记为“味经遗范”，“辛酉仲夏，杏卿题”，题记四周为雕花，左右门框题有对联一副，上联为“积善前程应远大”，下联为“存仁后地自宽宏”，题记均为隶书，保存完好。门洞两侧及顶部用条形木板修筑。门洞东侧有 60cm × 60cm 向东斜坡踏步通道通向院墙顶部。南院墙顶部围墙及女儿墙已残缺不全；北院墙偏西筑长方形护院墩，护院墩顶部外侧围墙残缺不全，北院墙顶部围墙及女儿墙已毁；东院墙顶部围墙及女儿墙已毁；西院墙顶部仅残存部分围墙及女儿墙（表 3–6）。

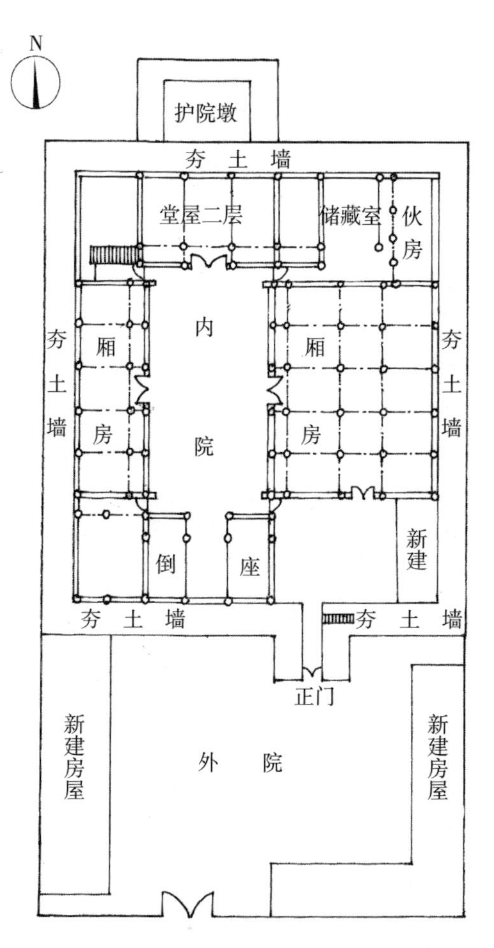

图 3–7　秦延德故居平面图
（资料来源：胡鼎生（民勤文物局）提供）

❶ 如今该院被文物局保护，但并未对外开放。其中左右厢房被改造，前檐廊已不存。在“文革”时用作仓库。

院落建筑面貌 表 3–6

1	倒座坐南向北，硬山顶，面阔三间 10.2m，进深一间 6.4m，前出廊，明间有木装修，后墙被粮管所辟为正门。西次间装修保存完好；东次间原装修被粮管所拆除，改为土坯墙体和现代木质门窗（图 3–8（*c*））
2	西厢房为平顶硬山式，面阔五间 16.2m，进深一间 5.5m，前出廊。南北两侧墀头有砖雕。“文革”时改造成为粮管所仓库用房，拆除了前檐金柱间原有门窗，在前檐柱间砌土坯墙体，安装现代门窗。屋内原墙体已粉刷白石灰，破坏了原有面貌。东厢房为平顶硬山式，面阔五间 16.2m，进深三间 13m，前出廊。原后墙已拆除，并拆除厢房后面建筑檐部墙体，使二者前后相连（图 3–8（*b*））
3	堂屋为院内主要建筑，坐北向南，上下两层，硬山顶，面阔五间 22m，进深一间 7m，前出廊，东西两侧各有卷棚一间。檐部木雕做工精致，保存完好。西卷棚廊下有通向二层的木质楼梯。一层前檐金柱间原有门窗已拆除，在前檐柱间砌土坯墙体，并安装现代木质门窗。原二层木楼板已拆除，被改造为库房，屋内墙体已粉刷为白石灰，破坏了原有面貌。屋顶正脊东西两侧正吻缺失，东西两侧卷棚顶方砖全无，东侧卷棚墙体及屋面残破（图 3–8（*b*））
4	伙房及储藏室位于堂屋东侧，整个建筑连为一体，均进深一间，前出廊，原有门窗残缺不全。墙体倒塌，墙基风化严重，梁架结构基本完整，屋面状况残破不堪，原有门窗残缺不全，地面杂草丛生（图 3–8（*f*））
院落特点总结：秦延德故居如今已被文物局列入武威市人民政府保护单位，有待对现存遗迹进一步的修复与完善，现有资料完全为一手文物资料[1]，不同于瑞安堡经过大量修复后的现状遗迹，秦家大院建筑面貌更能反映了河西武威一带庄堡建筑特色。建筑尺度与建筑空间布局是河西庄堡现存的典型案例，真实反映了河西庄堡的原始面貌	

（资料来源：作者田野考察绘制）

3. 村堡案例三——高台南武城、古浪双塔村庄堡、民勤徐氏民居、古浪高坝沟村村堡

高台南武城、古浪双塔村庄堡、民勤徐氏民居、古浪高坝沟村村堡 表 3–7

1	高台县义和寨村南武城
高台县义和寨村老人王发强（74 岁）口述，其祖上爷爷辈（至少 150 年）已建成，大约由三辈人参与建设，在当地被称之为南武城（堡子）。夯土墙大约 3~4m 宽，高 9m 左右，上有女儿墙，可行人走车作防御，墙垣上宽 1.6m 左右，城上建有四个角墩。原城堡内住有六七十户人家。现如今只剩四段高大的夯土墙（图 3–9），留有墙基底宽 2m，上墙垣 1m 宽，残迹高 7~8m 左右，城址难以见原貌	

[1] 秦家大院现场数据为民勤文物局主任胡鼎生先生提供。

图 3–8　秦延德故居院落整体面貌（资料来源：作者自摄）

以防为主
(b)
(c)
(e)
(f)

续表

2	古浪双塔村庄堡
武威古浪双塔村北院组主人侯春茂老人（76岁）述说，现在庄堡里只住着他与小儿子儿媳一家和另一堂弟（74年），而在儿时（6~7岁左右）家中人口最为繁盛期，庄子叔伯等三代人曾住40~50人，实际庄子占地3~4亩，里外三层夯土院，本家住内院，中院和外院用于住长工与养牲口、作仓库等。从图中能够看到建筑入口与庄墙的比例关系，庄堡墙垣与其他新建筑显得更为高大，但入口极其窄小，而且从入口的通道中有前后两扇门用于防御，两门之间留有攻击砸孔，一侧有暗道通往上面城垣以便观察敌情和攻击，院内建筑进行过翻修，但依稀还保留有部分老庄子的建筑残迹（图3-10），现存的庄墙已经是二进院的入口，原有外围住长短工的杂院院墙已不存，院内已因人口的减少多数建筑逐渐残破废弃，现有东西厢房各三间，分别为兄弟两家，院内稍显萧条寂寥。建筑廊檐依然清晰可见廊架、雀替木雕，工艺精细，保留原地域建筑本色	
3	民勤中陶村五社徐氏民居
徐氏民居现拥有者为徐元盛（83岁）、徐元茂兄弟二人。实际仅徐元盛老人长期独居于庄堡内，他陈述该堡子为1939年建成，新中国成立初期（1958年）曾被公社大队挪用，1959年被作为学校用地，“文革”后还给徐氏兄弟。该院落独特之处在于两进院的基础上套院内部又分为东西两院（图3-11）。整体院落为平层关系，附属厨房、仓库等在西院的西面部分。该院落防御性相较其他村堡较弱，庄墙厚度只有下宽0.8m，上宽0.4m左右	
4	古浪县高坝沟村村堡
根据房主口述，房子由爷爷辈建起来，已有60年以上历史，占地有545m²，建筑朝向东南。由正方形庄堡和东北方向的角楼组成（图3-12），建筑高近6m，角楼残高近8m。院落正房为祠堂，两侧厢房为居住用房，拐角处为厨房、储藏间，东北角牛羊圈为一层，旁侧直通防御敌楼，角楼均为生土夯筑，二层有防御居住功能，三层为射击垛口和瞭望台	

（资料来源：作者田野考察绘制）

图3–9　高台县义和寨村南武城四段庄墙（资料来源：作者自摄）

图 3-10 武威民勤中陶村五社的徐氏民居（资料来源：作者自摄）

图 3-11 古浪双塔村泗水乡（资料来源：作者自摄）

图 3–12　古浪县高坝沟村防御角墩的村堡（资料来源：作者自摄）

图 3–13　野麻湾卫星图（东北方向）
（资料来源：网络卫星图）

二、“军堡”

1. 野麻湾堡

野麻湾堡位于甘肃嘉峪关市新城公社野麻湾大队第一生产队，据《史记》所载此堡是明万历四十四年（1616 年）建成。根据当地老人吴丰金（81 岁，原西安人）口述以及现场调研整理（表 3–8），城垣为黄土夯筑而成，城垣东北基本完好（图 3–13），城角有一大坑，据说为 1960 年代左右城堡废弃后当地拆墙

图 3-14 野麻湾堡军堡整体面貌现状（资料来源：作者自摄）

取土做牧场肥料爆破所致（图 3-14 *f*）；东墙残缺约四分之三，依然高大敦实，在南城墙原建有关帝庙一座；北墙残缺约三分之一。野麻湾堡原址周长 476m，西窄东宽，呈梯形，城上有垛墙、宇墙、堡楼、角楼、敌楼和瓮城，堡东西设有一炮台，堡北侧有占地约 5 亩的庙院一座，庙院山门外有一戏台，坐北向南，整个戏台被土坯墙隔墙分前、后台，设有化妆室，戏台修筑于高约 1.5m 的黄土夯筑墩台上，台中立有四根明柱。从表 3-8 中能看出原有建筑内容的丰富，以及如今有限的建筑残留。

野麻湾堡现状　　表 3-8

1	现南夯土墙大部分残高 9.9m、底厚 7.6m、上宽 3.8m。城墙设女儿墙，高 0.9m、上宽 0.9m。夯土层厚 0.14~ 0.18 m 不等（图 3-14（*d*）、图 3-14（*e*））
2	北墙内西侧一斜坡马道遗迹，高 7.4m、长 17m、上宽 2.2m。对面南墙内侧有同高低的木梯马道，桩眼还整齐地排列于墙面（图 3-14（*a*））
3	堡外西北墙外侧有野麻湾墩墩台一座，为方锥体，与城墙同高，墩上有城垛作防御（图 3-14（*b*））
4	西城墙残迹几乎不见，只留有部分墙基（图 3-14（*g*））
5	堡内从卫星图以及现场拍摄照片可清晰看到完全为农用耕地（图 3-13、图 3-14）

图 3–15 张掖高台县许三湾古城遗址（资料来源：网络）

2. 张掖高台县许三湾古城遗址[1]

张掖高台县许三湾古城遗址是汉代遗存，位居张掖酒泉盆地中部茫茫戈壁，南枕祁连，西望酒泉，北临巴丹吉林沙漠南缘。整体为南部祁连山北麓洪积平原带。许三湾古城不大，城墙却体现了对军事防御的苛刻要求，城南有一城门，有角墩、瓮城、城外的烽台、小城等防御功能，皆可有效杀伤来犯之敌（图 3–15）。黄土夯筑的城墙高大阔深；城四面围墙，保存完好，遗留古城内空无一物。城周围有墓群三处，总计有汉、魏晋、唐代古墓葬 8000 余座，是目前国内公布最为密集、保存最完好的特大古墓群（表 3–9）。许三湾遗址正是因为古城及周围墓群所蕴涵的不可估量的文物价值。

张掖高台县许三湾古城遗址现状 表 3–9

1	古城遗址平面呈长方形，墙体高约 8m，南北长约 110 m，东西宽 94 m，面积 1 万余 m^2
2	城垣夯筑，四角有角墩
3	城内有建筑基址
4	南垣正中设一城门洞，西侧筑有方形的瓮城

[1] 电影《双旗镇刀客》摄影外景地。

早期许三湾古城城内城周地表就可以看到大量汉唐时期的红陶片、灰陶片、白陶片以及少许清代的瓷片、瓦片等遗物。早在1958年，人们就曾在城内掘出成堆的五铢、大泉五十、货泉、开元通宝等古币以及铜箭族、铜带钩等，总量重达1t多，可以想见，曾几何时它也是商旅辐辏，甲士如云。清代前期，这座小小的城池又被利用起来，筑堡屯田。雍正时期“许三湾堡户三十九，口八十三”(《高台县志》)，是当时高台最小的城堡之一，可见其开垦规模不大，并且到乾隆年间就再度荒弃。同时，根据史料，许三湾古城西南墓群出土的一件绢帛衣物疏上,有“建康郡表是县都乡口府里”字样,《资治通鉴》简略记载，义熙十三年（公元417年），沮渠蒙逊追击西凉李歆，战于解支涧，败，不得已乃“城建康，置戍而还”，据此，专家推测许三湾古城可能是沮渠蒙逊所建，是为戍守建康郡而建的军事城池。

许三湾古城遗址再次反映了军堡坚守扼要之地的特点，根据建置所需调整军堡的功能作用，同时因为当政的设置，对周边的经济文化产生一定的推动作用，促进了地方繁荣。

三、“城关”

嘉峪关[1]地处甘肃省及河西走廊西部，因西南隅祁连山支脉嘉峪关山麓而得名，是古“丝绸之路”的交通要道和明代长城的西部终点，也是中国丝绸之路文化与长城文化的交汇点，在明代更是甘肃镇肃州卫的前哨和西北的防务要地，历来属于西北军事要寨，古有“河西重镇、边陲锁钥”之称，东西往来之咽喉，河西走廊之门户，无疑是建关首选地点。嘉峪关从明洪武年初始建关，共经历了四次修关阶段，1372~1495年历时123年初筑土城；1495~1506年 修建关楼；1506~1539年扩修东西二楼及附属建筑；1539年修建附属关城，同时再次加固关城。嘉峪关历经百年不断的扩建，期间早期只修有孤城，其南北并无防御战事，而后期不断地延伸长城的修筑，修建完成肃州东长城与北长城，历经168年扩建，逐步形成功能完善严密的军事防御体系（表3-10）。在此期间关城延伸建立大量军堡，形成堡堡呼应的军事防御城防体系。

从建筑的功能与职能上区分，明代城关的设立主要用于防御外族侵扰，而至清代后由于疆域西移，在职能上有一定的转变，因此一系列功能的加建有可

---

[1] 始建于明洪武五年（1372年）。

图 3-16　嘉峪关城关整体面貌（资料来源：作者自摄）

(b)
(c)
(d)
(h)
(i)

嘉峪关历经168年扩建逐步形成军事防御体系　　表3–10

1539年建	关南的塔儿湾城
1616年建	关东北的野麻湾堡
1539年建	新城堡
1548年建	关北的石关儿营
1539年建	关西的双井子堡
1529年建	关西南的红泉堡
1539年建	关东的安远寨
1540年建	黄草营盘——守关将士驻扎
1540年建	十营庄子
1539年建	官园——守关军官和家属居住

嘉峪关史料考证及现状

1	《肃州新志》对于嘉峪关城有这样的记载："宋元以前有关无城，聊备稽查。明初宋国公冯胜略定河西，截敦煌以西悉弃之，以此关为限，为西北极边。筑以土城，周二百二十丈，高二丈余，阔厚丈余。址倚岗坡，不能凿池。东西两门各有月城旋以此关，为紧要门户。遂与永定、临水、河清、新城、金佛、下古、塔儿湾、乱石堆、清水九堡，同高或五六尺、七八尺不等，连旧城共高三丈五尺"❶
2	嘉靖十八年（1539年）动工修筑东、西长城、断壁长城，东长城实测长24378m，西长城实测长14759m；北长城弘治十一年（1499年）修筑，实测长35000m（嘉峪关初建仅为关城一座，墙垣6m高，周长为733m的土城，占地仅2500m^2，如今关城面积33500余m^2，古今相差10余倍）(图3–16（*e*）)
3	内城东西侧筑"光化门"、"柔远门"，门外衔接各筑瓮城，东西城楼相对，均为三层重檐五间式，周遭建筑环廊，单檐歇山顶，总高达17m（图3–16（*c*）、图3–16（*h*）)
4	两门内北侧各有马道通往墙顶，内城墙基上有跑马廊环绕，用于巡防瞭望，城墙四隅有角楼，南北中段设敌楼，三开间硬山式回廊建筑；西门外套筑一道凸形城墙，构筑罗城即为外城，原有其上门楼1924年被毁，与东西两门楼建筑形制相同，在东西轴向上排列有序；西面罗城为砖砌，东南北城垣上筑围墙，与长城相连接，形成城外有城、迭门重城的并守之势（图3–16（*a*）、图3–16（*d*）、图3–16（*f*）、图3–16（*i*）)
5	自明建关城以来为城池边防重地的防御格局，于清代又扩建东翁城外的文昌阁、关帝庙、戏楼，城内靠北有游击衙门府一座（图3–16（*b*）)

能完全是为满足关城扩大后的民事贸易集中活动，尤其关帝庙、戏楼等职能的加建，也能说明周边多处军堡、村堡与关城之间活动往来频繁。从以上数据能够看出地方的军事城关，并非一蹴而就，而是因为边防需要逐年积累，尤其数

❶ 方家印. 嘉峪关是谁选址兴建的[J]. 文史天地，2006（1）：62–63.

据显示嘉靖十八年一系列的军堡建设，军防上的变化[1]说明堡的建立是河西特殊民族关系中产生的特有地域建筑形式，不同于全国其他地区的堡寨性质，地方堡寨往往相对偏远，在区域上多以点的性质出现，其职能用于防匪而且规模有限，远不及丝绸之路沿线发展的规模。城关形式在嘉峪关的普遍性并非是酒泉地区，而在河西的大片绿洲中，通常多牵扯丝绸之路出入境商旅与边关交通贸易。

通过实地考察民勤瑞安堡、武威秦延德故居、高台南武城、古浪双塔村庄堡、民勤徐氏民居、古浪高坝沟村村堡，以及野麻湾军堡和嘉峪关城堡为代表的官式城防建筑[2]，从大量村堡—军堡—城关的调研能够看出庄堡在河西的广泛性，并且根据具体功能职责的变化，堡寨在村堡、军堡与城关间转换，以便适应时局的变化。

第四节 河西壁画建筑影像与地域建筑遗存

河西走廊沿线石窟寺遗存丰厚，尤其在我国封建社会的黄金时期——隋唐的政治、经济和文化艺术都达到历史的高峰。作为丝绸之路的扼要之地，河西一带更是商旅、僧侣、中外使节往来交汇之地。作为丝绸之路，中西方商业贸易中转站的敦煌，由于巨商为祈求路途的平安，以及河西一带盘踞的多民族贵族势力，作为供养人大开窟寺，成就了莫高窟的造像艺术。其中，大量经变画以及佛经本生故事穿插大量建筑影像，异彩纷呈，其原因在于建筑是与人们生活息息相关的物质实体，在绘画中反映建筑的美，是审美情趣的艺术表现。在敦煌壁画中的建筑更是包罗万象，主要含有佛殿、寺、阙、城垣、塔、堂、楼、门、住宅等多种类型。大量壁画建筑将来源于现实生活的城阙、宫殿、佛寺、民居等建筑形制以场景为目的，高度概括于经变画的绘画艺术中。

---

[1] 明正德十年（1515年），吐鲁番速增满速儿联合瓦剌族发兵河西和青海；正德十六年（1521年）吐鲁番王满速儿率其部，又来嘉峪关侵犯；嘉靖时吐鲁番满速儿兵屡犯河西，嘉峪关边防告急。

[2] 关城有代表性的遗迹还有阳关和玉门关，只因玉门关旧址已不存，而阳关现存为小方盘城，规模也仅存城墩一座，且本文主要讨论村堡的发展，因此选当下完整的嘉峪关为代表，其他关城城防不作展开。

据出土文物考证，东周的漆器和战国的铜器上，就有关于建筑的图像，汉代画像砖上绘有大量建筑图像，与敦煌相邻的嘉峪关魏晋墓室壁画、榆林窟壁画中存有河西地方所固有的地域建筑形式。河西壁画繁复的建筑类别中，壁画民居建筑形式一侧记录写有“坞”字。“坞”：最早的记载是西汉昭帝始元三年（公元前84年）❶。《说文》曰：“坞，小障也，一曰庳城也。”段注曰：“障，隔也。小障曰隖。《通俗文》：‘营居为隖’。庳，犹太、卑也。”❷“营居为坞，是坞内修筑营房”。❸早期用于军事据点的坞壁，在东汉地主阶级斗争与社会安定因素欠缺的先决条件下出现，坞壁建筑由于社会动荡时代的因素在汉末三国魏晋以至北朝大加兴建，地方豪强筑坞堡自卫。河西走廊因其特殊的边防地理区位自然也兴起坞壁建筑的发展，《魏晋·释老志》记敦煌：“村坞相属”。如武威雷台出土的东汉陶楼院，建筑四面高墙围合，门楼、角楼、栈道、院落当中立五层望楼的院落即为坞壁❹；张掖郭家沙滩出土的东汉陶楼院❺，其建筑形制大同小异；在《河西魏晋十六国壁画墓》一书中，将墓室壁画的题材分为四类，其中将“坞”划为墓主人世俗生活与财富的象征，并且“坞”在壁画墓中主要与庖厨、耕种、收货、粮仓、仆婢、丝帛等内容列为一室，其内容可能是财富占有的代表，由此可见“坞”的围合建筑形式是河西一带地域民居所存实体广泛性的又一例证。坞壁在历代河西走廊边境多有修筑，如“甘州有汉钜鹿坞，晋有候坞、若厚坞，皆以兵燹。著于春秋，明季居人，如处漏舟，亦甚惫矣……自明设卫以后，设堡更多，前弗胜考。”❻由此，史料考证，坞最早记载为汉代，至明代基本已经称“坞”为“堡”。因此，堡子与坞没有本质的区别。

一、河西“坞”地域建筑形式壁画建筑影像遗存分析

1. 敦煌莫高窟

敦煌石窟壁画中存有大量佛经故事，都是以不同的现实生活场景为依存的真实写照，其中不乏大量反映河西地域民居建筑形式的建筑存在。在多种建筑类型中，延续久远且与现代建筑有一定关联性的主要是住宅类地域民居

❶ 王绚．传统堡寨聚落防御性空间探析 [J]. 建筑师 .2003（4）：64.
❷（汉）许慎．《说文解字注》第十四下“阝部”.（清）段玉裁．上海：上海古籍出版社，1981：736.
❸（汉）服虔．通俗文 [M]// 丛书集成续编（第 73 册）：360.
❹ 甘博文．甘肃武威雷台东汉墓清理简报 [J]. 文物，1972（2）.
❺ 甘肃省文物管理委员会．张掖国家沙滩清理简报 [J]. 文物参考资料，1957（8）.
❻（清）钟赓起．甘州府志校注・卷五・营建．[M]. 张志纯．兰州：甘肃文化出版社，2008：171–175.

图 3-17　莫高窟北魏第 257 窟《须摩提女因缘》（资料来源：《敦煌建筑研究》）

建筑，其中又以坞堡为典型。坞壁住宅是河西地域住宅中的一种形式，在敦煌壁画各类建筑形式中有多处坞壁的影像图示，如敦煌北魏第 257 窟《须摩提女因缘》（图 3-17），故事中类似于一座城的建筑形式，被认定为此影像虽为城池造型，实为魏晋南北朝时期河西一代“坞堡”宅院形式[1]，宅院三面有城垣围护，建筑整体形势低于外围城墙，城一侧有门楼，院内有堂，四层望楼，植物寓意为园，墙垣上有雉堞，沿墙高出城垣的墩台类似于城墙的“马面”，院落防卫性强，总体宅院概括出门、堂、寝、园的院落布局。敦煌宋代第 61 窟的宅院与此类似，等级较高且规模更大，有角楼，城内分多进院落，一楼、一堂、一花完整组合院落，其表现寓意正如我国对居室空间的划分，即前堂后室的统筹范本，后花园为景观休闲场所的流动空间。也有部分反映民居建筑影像，建筑院落格局层次变化并未抛弃中国传统建筑——原始四合院的特点（图 3-18）[2]。中国的四合院根据现有考古发现最早为西周早期民居建筑院落，其布局为两进四合院形式，尤其后院通过过廊分为东西院的方式与本章

---

[1] 萧默 . 敦煌建筑研究 [M]. 北京：机械工业出版社，2003：181. 在相关书籍中提到“坞堡”建筑形式都只是注明。

[2] 吴庆洲 . 建筑哲理、艺匠与文化 [M]. 北京：中国建筑工业出版社，2005：5. 陕西岐山县凤雏村发掘了一组西周早期建筑遗址，是目前发现最早的四合院。

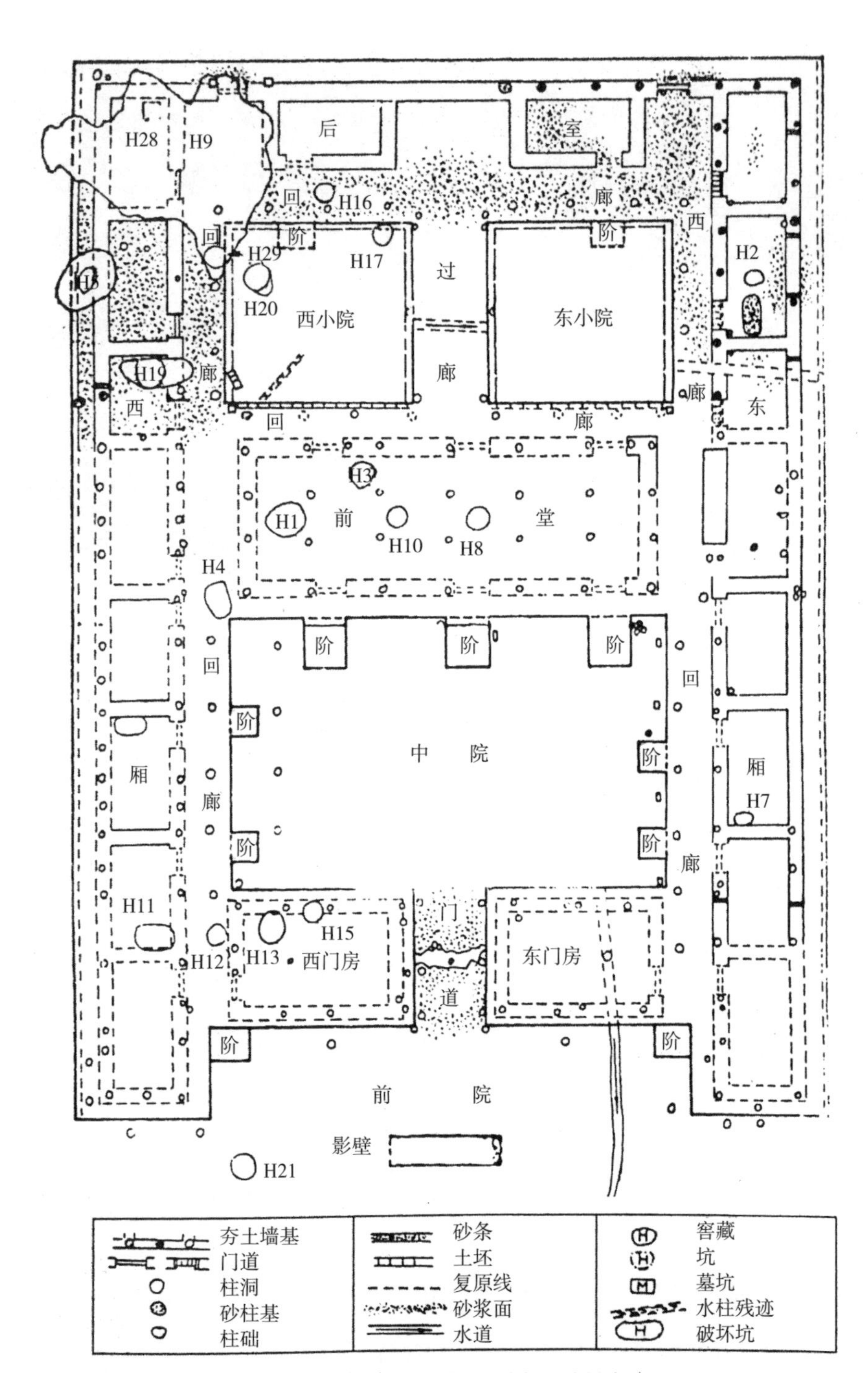

图 3-18　凤雏西周甲组建筑基址平面（资料来源：《建筑理论风水》）

第三节中瑞安堡第三进院东西院分法相同。莫高窟中晚唐第9窟《阿难乞乳》石窟壁画宅院一角，院落前后过院进深、回廊、建筑台基的围合与天井布局等鲜活的生活场景描绘，说明丝绸之路沿途地域建筑与中原建筑，以及与地域环境之间有丝丝缕缕的结合关系。

2. 敦煌榆林窟

榆林窟（五代）第36窟壁画影像资料与此类建筑形制相同，四墙高大围合，设城台、城门楼，院内沿墙一周建筑都较墙低矮；榆林窟第19窟壁甬道南北两壁绘有“坞”的建筑形式（图3-19）[1]，其表现内容南壁为《六道轮回图》，也称之为《目连救母》，北壁为《地狱变》。能看到墓冢及墓园周边的建筑形制，类似“坞”的墙基形式，其特点是墓阙的存在，即被称之为坞壁阙的形制。不同于以往建筑仅为孤立双阙的形制，由壁画可见阙身与建筑相连，并伸出于大门之外，形成过道，丰富了空间。南壁《目连救母》左下侧，图示为佛经故事场景，影像可见有高大城门，上有城楼及回廊栏杆，两侧夯土城墙高大厚重，

图3-19　榆林窟19窟北壁组画
（资料来源：作者自摄）

[1] 故事叙述佛陀的大弟子目连拯救亡母出地狱的佛经故事。

庄墙内建筑相对低矮，与本人在河西调研中所见庄墙与建筑比例接近。由于是以影像作为佛经故事的配景绘图，难见坞堡全貌，但就其建筑城门的形制，与民勤瑞安堡的入口相似，并且高大厚实的夯土墙与河西一带现存庄堡残迹极其相似。

3. 酒泉嘉峪关魏晋十六国墓室壁画

嘉峪关的魏晋壁画墓中，画有九座坞壁[1]。嘉峪关墓室壁画的坞壁建筑形式主要为三室墓，前中室为覆斗墓，后室为拱券墓，画像砖基本为一砖一画的风格形式，通常绘于照墙、前室、中室与后室的后壁之上，画像砖主要用于表现墓主人生活的方方面面，以表达祥和的意愿。根据搜集的画像砖的影像资料，可见“坞”也是以很高的土墙围成，院落或有望楼，设门楼、敌楼等军事防御设施。在实地的考察中，由于出于对地下文物的保护，墓群虽挖掘19座，如今只开放M6墓室，期间拍摄到了建筑“坞”的形式，M6（图3-20）墓室的中室主要通过一砖一画的画像砖连环画形式，记录墓主人出行、笏板、采桑、宰牲、庖厨、耕作、放牧等生产生活场面，表现了墓主生前显赫的家世，以及宴饮、女婢、丝帛等体现墓主地位的尊贵。其中，中室北壁坞壁建筑形式为四面围合式，从画面比例感受高耸围合成天井，墙一角有高于整体院落的墩台，院落墙体四周有垛口，一面开门，门前绘有一树。M5（图3-21）墓室前室东壁画像砖《守园》，两图建筑比例形式略有不同，门厅高大，有建筑屋宇，同于汉代建筑的四阿顶，绘制更为简化。此图好似绘制屋主出外狩猎，一手扬鞭，屋外有一兽，似牛非牛。另有M1（图3-22）墓前室西壁“坞”的建筑形式，此砖已被列为国家一级文物，其上建筑形式表现不同于M6和M5的样式，而是取其建筑部分构图，但依然可见墙高院深，并且墙

图3-20　嘉峪关魏晋十六国M6墓室建筑“坞”
（资料来源：作者自摄）

[1] 嘉峪关市文物管理小组.嘉峪关汉画像砖墓[J].文物，1972（12）：24-30.

图 3-21　M5 墓室前室东壁画像砖《守园》（资料来源：《嘉峪关魏晋墓室壁画》）

图 3-22　M1 墓前室西壁“坞”的建筑形式（资料来源：《嘉峪关魏晋墓室壁画》）

图 3-23　M1 墓前室南壁《童守园驱鸟》（资料来源：《嘉峪关魏晋墓室壁画》）

垣之上有角楼与防御垛口，外围有植被及马槽，用于拴马等牲口类，画面表现的完全是农田庄园的生活景象，另有 M1（图 3-23）墓前室南壁《童守园驱鸟》，都生动地表现了附属于建筑“坞”的农耕生活行为方式。

现存与“坞”相同的建筑形制被命名为“庄窠”建筑。事实上，庄窠建筑庄堡的体量较大，尺度更高、夯土墙体更厚，这一点在本章节的第三小节作了大量的实地考察。现有庄窠建筑是被高大庄墙围合的庄院，建筑在正方形或长方形的院子中进行空间的不同组织，通常有"一字形、L形、凹形、回字形"，且建筑都有回廊挑檐结构，出于室内的平整与保温隔热需要，庄墙与院落实体建筑通常有间隙，坡度相对平缓的屋面适宜地方少雨多风沙的气候环境。从建筑特点简单地说，河西走廊的坞堡形式与当下的庄窠建筑应属于同类建筑形制，都是微缩的城堡，但又各不相同，对于庄窠建筑将在第三章第二节作详细展开。而且河西敦煌，据1960年的统计尚存大型堡子四五十座[1]，最早有嘉庆、道光年间的，晚者建于民国时期，以及张掖山丹县明清时期已设村堡70多个，形成自然村130多个[2]，但现今大都已不存。两者的不同点是坞堡出现的时期早于庄窠建筑，在功能上防御的职能要强大于庄窠民居建筑形式。坞早于西汉时期已随障、寨、烽燧等同时出现，而庄窠据现所看到的资料最早出现于《元典章·户部五·民田》中的记录"或有庄窠房屋，便行悬挂佛像，安置万岁牌位，致使有理之家，不敢起移，因此词讼尤兴"。元朝曾瑞《端正好·自序》套曲："盖数椽茅屋，买四角黄牛，租百亩庄窠"[3]。坞堡的建筑形式可大可小，变化更为丰富，而庄窠建筑虽有一定的抵御外敌作用，但没有强大到像坞堡那样具有马面敌楼的军事战略地步，因此两者在军事级别上有差别，不可同日而语。

二、河西壁画中地域建筑影像的形成要素

莫高窟103窟（图3–24）是以塔为中心的院落空间，即塔院[4]。所绘塔院为法华经变中的塔院，塔院形式来源于西域，所绘三面围墙有平台式城门，城墙拐角也设有平台式墩台，院中一塔为砖石单层塔，砖砌台基，塔身两面均有台基与圆券门，上部有覆钵及塔刹，塔周有三个着西域服饰的人物作右旋或参拜状。从墩台形式和拜塔右旋的人物着装判断为西域式塔院。

（盛唐）217窟南壁的西域城及西域民居的建筑壁画，在建筑形式上定义为西域民居是因为建筑院落围合的城墙形式具有西域特色（图3–25）。首先，

---

[1] 萧默著．敦煌建筑研究 [M]. 北京：机械工业出版社，2003（3）：182.

[2] 马鸿良，郦桂芬．中国甘肃河西走廊古聚落 [M]. 成都：四川科学技术出版社，1992（10）：119.

[3] 周晶．青海撒哈拉族—庄窠—篱笆楼—民居的社会环境适应性研究 [J]. 建筑学报，2012（7）：172.

[4] 印度称之为支提，现印度、中亚、新疆的佛教遗址中，相对遗存较多，中原汉地以其外在形式直呼塔院。塔院的塔不是为埋舍利，是为佛、僧侣所建的精舍。

图 3-24 莫高窟 103 窟塔院（资料来源：《中世纪建筑画》）

图 3-25　莫高窟 217 窟的西域城法华经变中的“化城喻品”（资料来源：《中世纪建筑画》）

见《梁思成全集》第一卷《敦煌壁画中所见的中国古代建筑》记：“壁画中最奇特的一座城是 217 窟所见。这座城显然是西域景色，城门和城内的房屋显然都是发券构成的，有个城门和城内的房屋的半圆形顶以及房屋两面的券门可以看出……”。图 3-26 画面围合的城门内可见胡人服饰体态，壁画中的城堡画出三面墙垣，每一面居中开门，城堡转角处设角台，城堡居中的方形二层建筑顶部与角台均为拱券形结构，在建筑形制上完全不同于汉地的风格。且 217 窟南

图 3–26 莫高窟 217 窟的中西两式民居（资料来源：《敦煌建筑研究》）

壁本身所讲故事为法华经变中的“化城喻品”——丝绸古道上的商队，在行进中遇到重重困难，夜色当晚急需休息时眼前幻化出一座城关，有一胡人带队奔向城内。其次，同一幅经变画下还有两院民居，从画面上看两院落仅一墙之隔，但其形式完全不同，据图 3–26 所示[1]，右侧西域风格的院落平台城门与半圆形顶的房屋和券门形式相似于 103 窟的塔院城墙，有高墙及墩台护卫。同时，院落中置床榻一张，四人或盘坐，或垂足而坐，或为立于侧旁的瞬间动态。室外置凉床的生活习俗现在新疆和敦煌农村还有所保留。左侧的汉式住宅以小山为院落景观的文人气息，可见院内厅堂三间，建筑台基、散水以及院落方砖墁地，建筑有檐下廊柱，并置有床榻及屏风，院落人物附有女佣的三代人生活场景。左右两侧图示地域民居风格分明，将汉式与西域建筑风貌、生活习俗，鲜活地表现于壁画之中，此故事内容讲述的是妙法莲华经中“如子得母，如病得医”的场景。盛唐敦煌莫高窟壁画中西域式建筑的出现，从侧面反映了丝绸之路佛教文化所带来的影响渗透于生活的各个方面。

坞堡在河西的发展中，也经历了建筑形制上的变化，从莫高窟 257 窟坞堡宅院的影像上能清晰地看到城垣上雉堞的出现（图 3–27），是相较于魏晋墓室

[1] 樊锦诗．中世纪建筑画 [M]. 上海：华东师范大学出版社，2010：89.

图 3–27 莫高窟 257 窟坞堡宅院（资料来源 :《中世纪建筑画》）

壁画坞堡垛口更为简洁的墙垣形式，说明建筑发展中出现了不同的变化。根据武威、张掖、酒泉、嘉峪关到敦煌壁画其跨地域内容的联系性，说明河西走廊历代充斥着城关、堡寨的地域建筑特色，不同于关中前堂后院民居建筑形制。坞堡适用于军事防御，而事实上也适用于河西走廊西北干旱、春季风沙大、冬季寒冷的恶劣自然条件，高大夯土墙围护而成的坞壁，在起到防御保护作用职能的同时，也完全适用于抵御风沙，有利于形成四面围合的小气候环境，加之河西复杂的民族聚集地的关系，坞堡显然是河西首选的地域民居形式。

第四章 河西生态与庄堡地域建筑文化

以河西走廊庄堡地域建筑形态为基础，针对丝绸之路——河西走廊生态与地域建筑走向的研究，必须考虑丝绸之路河西段相邻省份区域，即河西走廊沿线东面与西面地缘建筑的关系，对于该节点延展分析，有助于理清河西走廊地域建筑面貌的走向问题。紧邻河西的丝绸之路中段——西域是东西方文化的交汇处，各种文化艺术交流更为频繁与广泛；丝绸之路起始段——陕西长安与河西走廊段之间的地域建筑，由于地域的延伸关系二者之间更具有时空感，作为最具活力的文化区域中心长安，从跨区域地域建筑的发展模式中，管窥河西地域建筑的发展联系性。讨论地域建筑之间由于文化经济活动的互相影响，在文化交融与碰撞中有哪些体现？跨区域地缘建筑有哪些相同与不同？河西庄堡特殊的防御特性与其他防御性地域建筑的趋同？

第一节　河西庄堡地域建筑与中国传统建筑

中国传统建筑院落的布局形制，在汪之力主编的《中国传统民居建筑》中称为院落的艺术。传统院落基本是在二至三进院的格局上，根据不同地域生态需求，而产生的不同院落布局的变化。中国传统院落的围合关系是，除木结构之外，明显区分于西方地域建筑文化格局的形式。符合河西地域生态环境的夯土庄墙，在围合空间的基础上，满足了防沙、日照和防御的多重作用，庄院在细节处理上有着自身的布局特点，现就以下几点深入展开分析，探析河西庄堡地域建筑与中国传统建筑院落的异同。

一、聚落选址

从河西走廊现有遗存庄堡的特点来看，堡寨建筑布局选址形态与我国北方一些军事堡寨有相通性，经过实地调研基本可归纳为六种：

第一，独立式堡子，村寨合一，一堡一村，多分布在平川地带；

第二，数堡并存，出于防卫的相互援助需求；

第三，堡中有堡，堡堡相套，防御功能内外结合；

第四，以险要地势自然修建；

第五，具有居住、警戒、防卫功能的城防堡寨；

第六，官商、地主、豪绅修建的堡子式庄园。

中国传统村落在自然面前统一遵循着因地制宜、因势利导、自然朴素的生态法则。河西走廊毫无例外地面对着气候寒冷、冬季漫长、西北风沙大等地域气候特点，当地大多数居民自然选取向阳的缓坡或平地为建筑的修建场所。因为洼地和沟底等凹陷地势在寒冷的冬季易形成冷空气霜冻的沉积效应，影响聚落室内微气候的良性循环，从而增加了取暖耗能。显而易见，低洼地容易形成内涝，坡地有利于建筑的排水。堡子在满足生态环境的基础上，以最大的可能适应于不同的人文生态环境。

二、院落进深布局

中国传统西北民居院落对外几乎不开窗，因此会造成房间不同方位的采光和通风问题。尤其河西庄堡特殊的地理生态环境以及历史条件，都强调了这一特殊的封闭式概念，那么在院落的排布上对于院落拐角处的处理又有哪些不同呢？以下空间建筑布局方式，在空间连接点上完全区分于传统院落的结构特点。

首先，由于河西传统民居既要在夏季防止热风和风沙的侵袭，又要在冬季防止西北风的侵扰，因此，院落处于完整的天井围合中，呈现外围封闭、内部开敞的单一进深院落，通常显得方正、规矩。由于院落拐角处直接留偏门用作厨房或草料房，因此拐角房间不通风、无采光，不宜住人，如古浪县高坝沟村一组（图 3–12）。除独立的单元院落之外，以村为单元的生土建筑群，院墙可左右相邻共用墙垣，几户成排间或前后有些变化，总体村落布局紧凑而生动。

其次，关中与河西，两进深或多进深院落又略显不同，会在结构的拐角处留狭窄通廊作连接，以便有部分采光照明，但是在功能上并无变化，我们可以从秦家大院（秦延德故居）和院落更为复杂的瑞安堡平面布局中管窥一二（图 4–1）。图示粗实线清楚地标注了关中窄院和河西堡子动线变化的不同，瑞安堡的过厅并不像传统院落可直穿而过，整体院落形成内外两条动线又互相连接，通常通过建筑外围开侧门用于下人迂回而过，而过厅完全不开门，只是通过厅堂两侧的开门进入后院，传统四合院过厅通常长驱直入后院，或是做旋转可开启的屏门作遮挡（表 4–1）。

第三，部分河西庄堡院落的东西厦房入户，不同于传统四合院的明三开间，

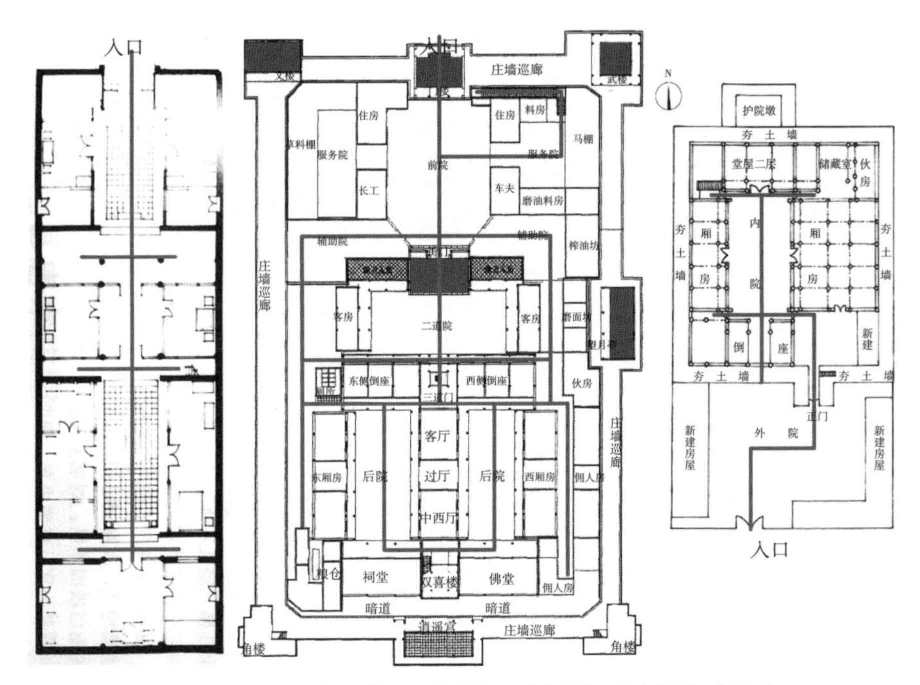

图 4–1　陕西关中党家村窄院（左图）、民勤瑞安堡（中图）、庄堡院落（右图）
（资料来源：（左图）《中国传统民居建筑图》；（中图）网络；（右图）胡鼎生（民勤文管局提供））

传统院落、关中窄院、庄堡院落之比较　　　　表 4–1

传统院落	关中窄院	庄堡院落
平面格局连接无死角，建筑互相错让，以院落围墙联系建筑轴线关系，院落变化小	建筑相互独立组成建筑群，中轴线对称，院落通畅	院落建筑相互连接，围合，封闭性强，院落动线丰富

而是通常将厦房入户空间做成“U”字形，厦房入户两侧进，建筑为坐北朝南的话，那么东西厦房的入户也分为南北方向，使原本整齐划一的天井多了一层变化，同时也便于防风沙。因此，从分析来看，河西并没有恪守关中四合院的布局方式，而是在相同中求变化。同时，河西走廊多数居民户为遮蔽夏季高强度的热辐射，纷纷修建凉棚或敞廊用于夏季遮阳。

河西走廊传统生土民居院落朝向：东向 38%；西向 24%；南向 21；北向 17%。[1] 数据比对显示，为选取最佳日照采光，东南向院落明显多于西北向院落，其另一重要原因是防止冬季西北风风沙的侵袭。

[1] 李延俊，杜高潮．河西走廊传统生土民居生态性解析 [J]. 小城镇建设，2009（1）：27–29.

三、庄墙比例尺度

河西庄堡对外完全不开窗的建筑格局，也是遵从了传统院落的封闭性特点，高大厚实夯土墙的围合，重点在于体量尺度上的不同。据对河西庄堡的田野考察可知，现存村堡高度通常在 4m。如山丹县史家庄柴东山尚翠芳老人（59 岁）描述其嫁入夫家曾经庄院高度为 4m，由于原庄堡地势崎岖，全部由政府迁往平坦地势重起新的院落，老庄院已毁，还为耕地。古浪县双塔村泗水乡五组侯春茂老人（73 年）现庄院高度为 8m 左右（图 4–2），古浪县高坝沟村一组现院墙高度为 4m（图 4–3），并且院落至今保留一防御角楼，角楼坍塌 7m 左右，武威的秦延德故居庄墙高 8m（图 4–4），更高级别的村堡，如瑞安堡高度已经达到类似于军堡与城关的高度——10.8m（图 4–5），而像军堡级别的院落高度均在 8~12m 不等，嘉峪关外城高度 10.7m（图 4–6），野麻湾军堡夯土墙残高 9.9m（图 4–7）。传统地域民居建筑院落外围庄墙是河西地域建筑的一大特色，庄墙院落内部建筑为了适合地域生态需求，建筑尺度矮小，低于庄墙通常 0.5~2m 不等。这与冬日防风沙有紧密关系，因为高出的夯土墙减小了来风的力量，可

图 4–2 古浪县双塔村泗水乡（资料来源：作者自摄）

图 4–3　古浪县高坝沟村（资料来源：作者自摄）

图 4–4　武威的秦延德故居（资料来源：作者自摄）

图 4–5　瑞安堡（资料来源：作者自摄）

图 4–6　嘉峪关（资料来源：作者自摄）

图 4-7　野麻湾堡（资料来源：作者自摄）

以形成院落生存的微环境气候。庄墙通常下厚上薄呈梯形，一方面为保持室内的墙体水平、垂直，另一方面建筑的外墙与庄墙之间为了保暖形成空气间隔层（类似双层玻璃的功效），既保证了室内美化效果，也增加了室内保温隔热效果。通常传统四合院的正房、厦房和倒座等皆与外围墙连接为一体，借用院落外围墙形成院落一体的组合形式。庄堡是所有屋舍均与围墙相接，是庄堡完全不同于中国传统四合院的生态建构之处。

高大庄墙封闭的围合院落，具有对微气候的调节能力，具有“藏风聚气、通天接地”的功能。同时，封闭的院落有效阻隔院落之外的嘈杂，保持了院落难得的一份清静的生活环境。

四、地域建筑材料

河西庄堡在建构材质上的运用是就地取材的典型范例，也是与自然条件和气候条件相适应的最佳材料[1]。庄墙的夯筑工艺也是集体活动的结晶。

---

[1] 土这一传统用材在河西走廊由东向西的地理环境变化中，却逐渐在戈壁滩上甚为贫乏。对于土质与生态环境的关系在第四章将展开深入分析，此处在于区别庄堡与其他传统合院基础用材的不同。

以泥土、木材为主要材料，夯土墙垣形成厚重的外墙以抵挡河西冬季的严寒和夏日的酷暑。对于土质材料的运用主要是进行生土分层夯筑。首先是根据夯筑墙体的厚度固定木质模板，分立于墙体两侧，在模板中加入土进行夯筑，依次拆除，向上层层夯筑而成，由底到顶逐渐收分。其材料的可贵之处在于工艺简单、方便，可塑性强的同时具有较好的热熔性和一定的强度。同时，生土也是一种很好的可供回收作为农田肥料的重要材料，在传统农业社会中，它是可持续发展中重要的一环。厚实的夯土墙和草泥的屋顶成为冬暖夏凉的保障，它能够让室内外的气体进行交换，使人体较容易达到舒适的平衡点，被有些设计师亲切地称为建筑“可呼吸”的“棉衣”❶。“土”成为河西以及西北干旱半干旱地区首选的民居建造用材。

在当下注重生态环境的大环境中，对于土质材料的再次开发与利用具有可借鉴的积极意义。相较于河西庄堡的土、木主要用材，传统四合院的材料主要为砖、瓦、石（图 4–8），两者相比在建造技术上是原材料的进步表现，但对于适合地方气候特点上却又存有劣势，因此在不同地区，选择材料的首要考虑因素生态环保和节能。因此，河西走廊随着不同区域建筑修建习惯和各地土质的变化，除土层夯筑、砖砌方法以外，大量的土坯建筑修建方式如今并无统一的行业标准。目前，该区域存在 240mm × 180mm × 70mm；360mm × 180mm × 70mm；300mm × 180mm × 80mm 等多种规格❷。传统砌筑土坯的方式主要为“侧砌”，当地俗称“码土块墙”，按最小规格砌筑加两侧草泥各 30mm 的抹墙，墙体厚度也可达到 300mm。

图 4–8　米脂窑洞古城西大街高家院
（资料来源：李建勇摄）

---

❶ 余平，董静 . 土、木、砖、瓦、石 [M]. 上海：上海文化出版社，2013.

❷ 李延俊，杜高潮 . 河西走廊传统生土民居生态性解析 [J]. 小城镇建设，2009（1）：27–29.

五、制造工艺技术

选用当地绿色建筑材料，相对减少能源的消耗及对环境的污染，科学地利用土、木、石等传统材料，结合传统工艺的营造方法，因材设计、就地施工。

传统四合院建筑是以砖垒砌而成的。在《建筑十书》中也罗列有关于砖的不同垒砌方式，因此砖属于东西方建筑集大成的成熟建造工艺，而关于中国传统建筑屋顶材料——瓦的建造技术也有一套完整的营造体系，根据传统屋顶的不同存在庑殿、歇山、悬山、硬山等（图 4–9），因此对屋顶上的装饰根据中国的建筑规制也较为繁复，即使传统的简易民居，也会添加正脊、垂脊、瓦当、滴水、吻兽等建筑构件，因此不同地域相同的建筑构件也会营造出千差万别的建筑形态细节。

河西土性用材的制作工艺特点：

（1）在夯筑中加杂红柳枝是河西比较惯用的夯筑方式，其作用相当于现今混凝土中的钢筋，并且不同地区在建造中夹杂不同的建筑媒介达到坚实的目的，如生土夯筑、红柳芦苇夹筑、土坯垒砌、砖砌等多种方式。瑞安堡在夯筑时加入了当地的一种灌木——红柳枝作为增加结构稳定的主干，同时添加部分胶粘剂，使整个寨堡的生土墙坚固耐用，加强堡子的自我防御性能和土的承重性。

（2）屋顶的承重结构与建造方式。一般庄堡屋顶的营造形式是屋盖承重体系，木梁平行于地面沿进深方向通常布置在前后墙上，木檩条垂直于梁布置，

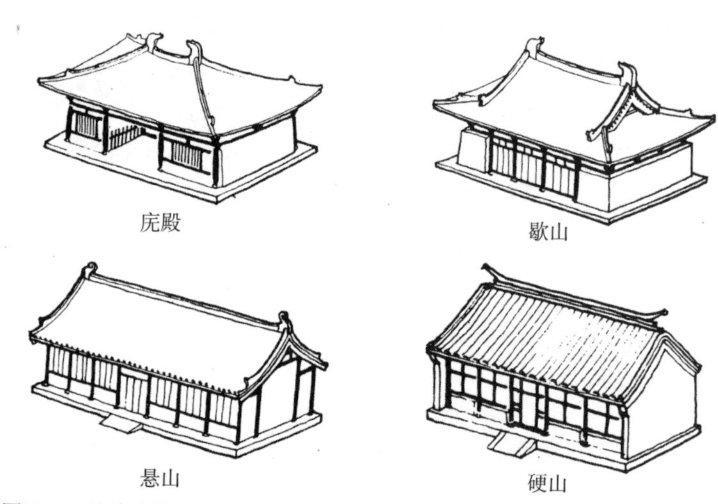

图 4–9　传统建筑屋顶基本样式（资料来源：网络）

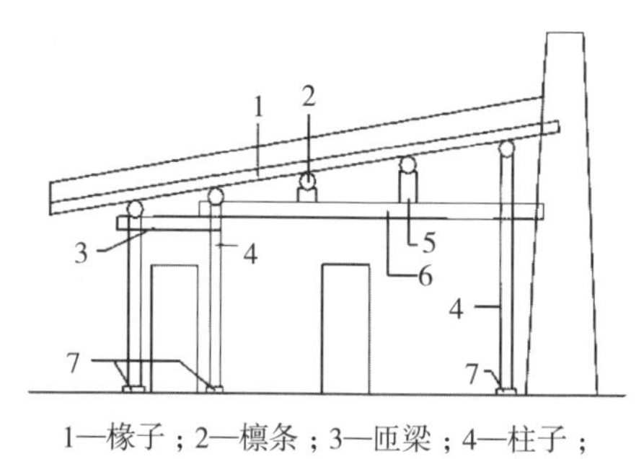

1—椽子；2—檩条；3—匝梁；4—柱子；
5—垫墩；6—横向大梁；7—砥柱石

（a）

1—椽子；2—40mm 厚树枝层；3—10mm 厚麦秆；
4—150mm 厚黄土；5—50mm 厚草泥；6—檩条；
7—横向大梁；8—木柱

（b）

图 4-10　庄堡建筑屋顶构造（资料来源：网络）

间距约 1500mm，檩条上布置椽子，平行于梁，间距约 200mm。之后广泛使用的草泥[1]被铺设在木构屋架的基础上，一层稻草（压实 30mm）和泥土的混合垫层（草泥 90mm）增加屋面的密实性，可以防止降水的渗透和保温隔热（图 4-10）。当然也不排除河西类似于瑞安堡的私人庄堡运用瓦的铺设建造工艺；常规来讲屋顶的建造坡度控制在 10°~15°，能很好地适应河西干旱半干旱的地域气候，同时也便于屋顶的日常农作物晾晒。

（3）河西走廊聚落主要分布在河流和湿地周边，需要通过硬化和碱化地面表层，达到室内地面干燥，以防范较为活跃的地下水。同时，由于河西走廊又是缺水严重的地区，因此能工巧匠设计了有效的雨水收集管网系统，从物理循环角度来讲也可用于营造微环境和调节微气候。如瑞安堡从堡墙到坡屋顶、再到地面的三位一体的排水续接形成了完整的院落雨水收集系统。堡墙上的排水沟将逐渐汇集的雨水排入屋顶，然后再在屋顶缓坡弧度的作用下流向檐口的瓦作或木作集水设施，最终排入位于庭院内或三道门下的水窖中（图 4-11）。此种精巧的设计，体现了环保节能的生态生活行为，是值得当下深入思考的细节设计营造方法。

六、生态环境

整体来说沿陕西长安出发至河西到敦煌一带，建筑屋顶的坡度变化尤为明显，完全从高耸的单坡屋顶逐渐趋于低缓，至西域一带由于降水量更小几乎完

[1] 草泥是在泥浆中掺入切成小段的麦草搅拌均匀而制成，麦草有效增强泥浆的韧性与拉结性。

全成为平顶模式（图 4–12~ 图 4–15），同时建筑的体量变得越发矮小。河西的木雕运用相对砖雕较为广泛，而砖雕的匮乏与屋顶的筑造想来有一定的关系，河西生土屋顶的简单工艺，相比传统砖瓦的营造，必然限制了过多砖雕艺术的生发。因此，能够看出建筑的形制，不管在传统布局的格局下如何变化，必定是遵从于地方气候生态环境的协调。河西走廊地区年降水量小于蒸发量，因此建筑屋顶的趋缓是完全符合地域环境的需要的。平缓舒展的屋顶形式既达到了

图 4–11　瑞安堡三进院中庭的集水
（资料来源：作者自摄）

图 4–12　关中单坡屋顶（资料来源：网络）

图 4–13　兰州至武威沿途
（资料来源：作者自摄）

图 4–14　张掖临泽县上秦乡缓坡平顶
（作者来源：作者自摄）

图 4–15　喀什老城“高台民居”平屋顶
（资料来源：网络）

功能需求，同时也符合地方性的审美。舒展的屋顶曲线下，前檐廊的设置考虑了多重生态的意义。檐廊可以减缓突降雨水对屋檐口的冲刷，另外对于室内夏季强采光有缓冲作用，因为河西冬夏温差大，建筑檐廊开窗大，势必降低保暖特性，开小窗室内通风与采光又存在问题，檐廊很好地解决了二者之间的冲突关系，同时为建筑带来了丰富变化的立面关系。

从以上细节的比对能看出生态与地域建筑之间的微妙关系，历史的遗留是经验的沉积，我们在面对普世化建筑渐趋风行的时候，应当采取审慎的态度，吸取精华，去其糟粕，而不能全盘否定自我的生态价值体系。

第二节　西北典型堡寨防御型地域建筑及其夯土技术

河西走廊堡寨性质的防御性建筑，在很大程度上是丝绸之路地域建筑沿途区域空间“点”的表现，与军事堡寨建筑形制上既有相似点，又有不同点。因此，在选择军事堡寨类横向的比对中，选择以丝绸之路沿途辐射范围的西北[1]地域为研究范畴，其中西北地区主要包含陕西、甘肃、青海、宁夏回族自治区和新疆维吾尔自治区等。

从河西庄堡建筑特点入手比对，一类是有特点的防御型建筑，另一类是以土木结构为主的民居类建筑。为什么选取防御堡寨和土木结构作比对，其原因是河西作为丝绸之路的东段，处于东西的交界段，其具备了这两个内容的主要特点，越靠近关中的民居类建筑，多选用为砖木结构，且部分地区特殊的时期形成了以防御为特点的砖石建筑群，当然之前关中也存在大量的土坯生土民居建筑。通过考察得知，河西现今部分地区仍以土木为主，而西域也现存大量土木建筑，因此安全、宜居和环境等方面的生态条件宏观上决定了丝绸之路河西走廊地域生土建筑的面貌。如防御性建筑——陕北米脂县姜氏庄园的窑洞型军

[1] 西北地区大体上位于大兴安岭以西、长城和昆仑山—阿尔金山以北，包括陕西省、甘肃省、青海省、宁夏回族自治区和新疆维吾尔自治区。在本文的研究中，主要依从于相关生土夯筑技术的发展关联对象，因此宁夏回族的建筑特色主要以伊斯兰建筑为主，在民居上虽有窑洞性质的黄土居住形式，但其窑洞主要分布于宁夏南部山区一带，不属于宁夏的主流建筑，因此在本论文中不作展开研究。

图 4-16　陕北米脂刘家卯姜氏庄园鸟瞰（资料来源：李建勇摄）

事庄园、关中韩城党家村的防御型村堡建筑群、青海的庄窠类防御性民居建筑，新疆喀什以土木结构为主的夯土民居建筑，福建永定客家土楼生土夯筑等特例，来分析防御型建筑与丝绸之路夯筑技术的关联性。

我国的生土建筑历史悠久，不论寒冷地区，还是炎热地区，不论多雨地区还是干旱地区，造型各异的生土建筑多有运用。河西庄堡属于防御性土木结构建筑典型，从丝绸之路沿途分析，从不同特性能够看出建筑之间的分类特性。

一、陕北窑洞——姜氏庄园（陕甘相邻的地域建筑）

陕甘相邻建筑的特性依然存在共生点。陕北米脂刘家卯姜氏庄园属于典型堡寨建筑，生土形制虽然不同于河西走廊，属于生土穴居形式的变革，但整体的防御性与河西走廊在功能和院落的内部布局上有相似点，且在材料上也有结合点，即对土质的依赖性。姜氏庄园[1]的整体建筑群落背靠群山，由低向高透

[1] 姜氏庄园是米脂刘家峁首富姜耀祖请北京专家设计于同治十三年（1874 年），前后 13 年建成。

图 4-17　陕北米脂刘家卯姜氏庄园外观仰视（资料来源：李建勇摄）

迤其上，依山就势，布局严谨，是全国最大的城堡式窑洞庄园，建筑体量与山体的和谐性是姜氏庄园的独特之处。姜氏庄园为靠崖式与独立式窑洞的结合（图 4-16），其最大的特点在于根据尊卑秩序，分为下院（长工）、中院（管家）、上院（本家）三部分，河西在此也是遵从祖制分长幼而居。建筑下院与中院之间设有瞭望楼、射击垛口等（图 4-17），使窑洞民居院落具有防御性。建筑群落多为青砖双坡硬山建筑形式，少部分次间厢窑为卷棚形式，宅门、仪门、倒座等建筑部位为两坡硬山式砖木结构，上院整体建筑的对称布局与中下两院的错落有序形成了空间的和谐秩序。在细节上中院大门、月洞门、仪门运用抬梁式木结构做门顶双坡构架，檐下做木雕花板，雀替、梁托等精美装饰，影壁砖雕斗栱、屋脊吻兽等精美砖雕建筑构件，在明清建筑中具有较高的艺术价值。

相比同为防御性地主庄园的河西瑞安堡，皆因地域环境的不同，在建筑上千差万别，进一步证明建筑与生态环境的重要性。

二、关中堡寨——党家村（丝绸之路桥头堡）

在规模上，党家村的建筑规模以村落为单元，村落占地面积宽阔，而河西走廊的堡寨规模有大有小，大到几十户村舍为整体形成一个堡寨，如南武城。小到以户为单元的民居防御堡子，如古浪的高坝村一组庄堡（图 3-12）。在院落的布局上，党家村整体堡寨以山谷为核心，“窄院”为单元依次错落，堡寨中心设有村属防御的瞭望楼（图 4-18），固有建筑材料以青砖与木材为主，而河西走廊的主要建筑材料为黏土，形成围合的防御性院落空间。

陕西韩城党家村整体村落是典型的“窄院”样式。以四合院为基本形制，“窄院”居民用地狭窄，在空间上更多地融进了晋、陕两地的特点。党家村[1]依塬傍水，处在向阳背风的沟谷中，出于村落安全的需要，党家村形成了军事寨堡的防御功能特性，村街巷道青石铺砌，由于地势与建筑山墙的高耸，形成高而窄的幽深古朴街巷景观，村中道路经纬错综曲折，巷不对巷的布设格局确保了安全与防御的军事功能。村中有名的便是街巷中的石敢当，其多设在小街或巷道口所冲对的墙壁上，刻字“泰山石敢当”嵌砌于墙体内，作辟邪之用，在民俗民风上因规模的庞大显得更为鲜活。党家村公共设施包括文星阁、节孝碑、祠堂、庙宇、私塾、戏楼和部分防御设施等，能看出村属堡寨等级的规模之大。大部分四合院民居院落布局严谨，房屋与院落虚实相生，层次分明，建筑多为砖石硬山结构，厅房与厦房主从有序，高大宽敞的厅房居上，两侧狭长排布的厦房使院落视角独特，不足之处是狭长的院落，只能起过廊和采光的作用，封闭性的空间特性，减少了院落的活动空间与景观环境，这与同为封闭性空间的河西庄堡产生了很大的不同。入户悬垂花门檐下有卷草纹样挂落的走马门楼，在狭窄而高耸的街巷显得越加引人瞩目；以四方面砖镶砌的两侧墀头有透雕、高浮雕等多种形式；门前的上马石与青石踏步，以及门下各种不同的抱鼓石或门墩的浮雕装饰题材丰富多样，从花鸟禽鱼到人物瑞兽，从琴书古玩到历史典故，可谓内容丰富、寓意繁多。

从多数入户宅院到内部的装饰，大量制作精美的砖雕与木雕在这些传统民居村落的建筑装饰上有着不同凡响的地域乡土气息，从普遍性的角度，处于西北偏远的河西村堡，在财力与物力上显然不能与富庶之地的关中媲美。由于

[1] 整体村落坐落于韩城市东北，距城区 10km 处。

河西大的村堡已经不存，很难见到公共设施如党家村这般完善的堡寨，但是根据记载，历史上所有大型军堡周边都会设若干的小型营堡，与周边村堡互为错落[1]，说明以村为部署依据的地域文化有相通性。

三、庄窠建筑（河西相邻区域板块）

这里将庄窠建筑单独列出分析的原因，其一，在地缘板块上庄窠主要流行于青藏高原东北部的河湟地区、河西走廊等地，是甘肃境内特有的生土地域建筑的类型之一。其二，在第四章分析河西代表性地域建筑的“敦煌山庄”案例中，原创设计者提到了庄窠建筑，因此有必要将庄窠的真实状况加以分析，以便廓清不同地域范畴内地域建筑的特点。庄窠如今是青海地域建筑部分地区主要的传统基本形式,如著名的“千家户”等大型庄窠院。在甘肃主要分布于临夏、河西走廊干旱少雨、多风沙、高寒地区，生活在这里的汉、藏、回、土、撒拉族等民众皆修建庄窠。它以“户”为基本单位建造（图 4–19），“庄”与“窠”专用于指人居住的院落式建筑，在平面布局形式上与河西走廊的庄堡差异性较大，但体系同于汉魏以来流行的屯堡建筑，河西的庄堡可以是村舍的大型防御堡寨，也可以是族群性质，在使用范畴上可大可小，也具有普遍的广泛性，相比较而言庄窠体量小于堡子，与武威民勤的瑞安堡、秦家大院比较，院落形制一目了然（图 4–1）。庄窠建筑也属于典型的生土夯筑建筑，充分利用黏土夯筑高大的庄墙围合院落。庄窠的建筑特点是平面通常为方形或长方形，庄墙的夯筑通常为 4~5m 高，高出院内建筑近 0.5m。庄墙主要为版筑黄土墙或土坯砌筑，用以围合内部所有的房屋和院落，庄墙底厚上薄，总体适应了高海拔地区严酷的气候条件。居室用木构架承重，通过檐廊使院落与房屋连为一体，坡度平缓的平顶屋面，上施草泥用小碌碾压光。庄窠院落多选坐北朝南或坐西朝东方位；一般以一堂两室三开间为一基本单元，居于正中，四角暗房多为厨房、仓库、牲畜棚、杂用房及厕所等生活辅助功能。

就庄窠特点来说与庄堡有颇多雷同之处，但就防御性与规模来讲远不及庄堡规模与防御级别，少数民族的庄窠建筑与汉族的庄堡建筑之间就有较大差异，部分汉族的庄窠院也吸收了堡寨式建筑的文化元素，内部功能布局有四合院的影子，从体量上也远远大于少数民族的庄窠院。如南武城整体的村

---

[1] 见第三章。

图 4–18　韩城党家村鸟瞰中的瞭望楼（资料来源：屈炳昊摄）

寨庄堡，夯土墙上可容纳人行，以备防御、交火抵抗，同时还有城角墩等更高级别的观察瞭望防御作用，这都是庄窠建筑所不具备的。庄窠建筑虽不及堡寨防御性那般突出，但就整体院落围合夯墙的不开窗，单一个进户出入口的角度来讲，也具有很好的防御性。在青海地区庄窠还会因为海拔的不同，庄墙的厚度会有所变化，进一步说明了建筑与气候相结合的紧密性，如果说夯筑技术来自于西域，那么庄窠建筑是在实战中，技术与地域环境结合的典范，抵御严寒和风沙的最大作用，使庄窠建筑在与现代建筑的竞争中略胜一筹。如今青海的东乡族庄窠建筑使用率依然很高。

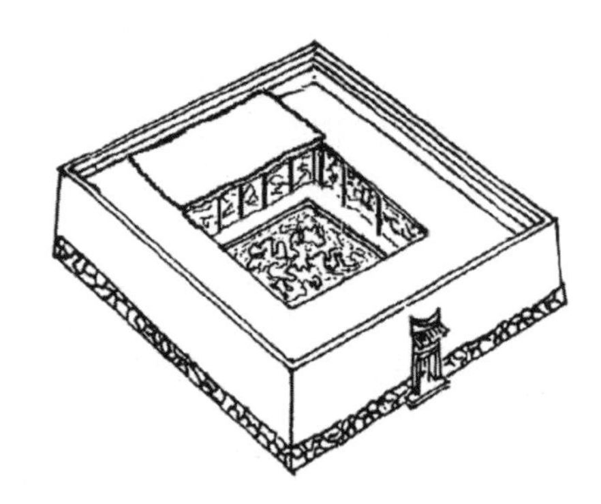

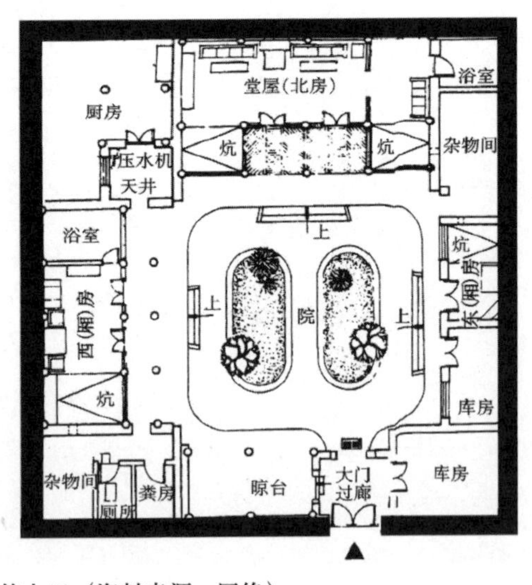

图 4-19　青海庄窠建筑单体与平面图、建筑入口（资料来源：网络）

四、喀什夯土建筑（西出河西丝绸之路西域第一站）

新疆喀什是丝绸之路南道与北道的交会点，联系着中亚、西亚以及欧洲重要交通枢纽，也是古丝绸之路上，西部边陲城市的东西方贸易重镇。理清喀什的生土建筑的目的，是找出河西与西域地区之间的连带关系。如今喀什老城区依然保留着近 500 年的生土建筑，从历史溯源角度亦有 2000 年的历史，尤其喀什老城区的高台地域建筑是最具地方特色的建筑形制之一（图 4-20）。建筑房屋随形就势自由布局，无固定法式格局："不强调对称，不强调日照方向，不强调入口方位，也不强调宗教圣拜朝向"。建筑空间组合在随机的营建中高低错落，形成自身的建筑韵律，尤其是建筑与道路的格局之间，形成虚实相间而富于变化的组织与交错。由于喀什为绿洲盆地区域，因此在建筑材料上严重匮乏，使得经年累月积累起的夯土建筑与土坯技术的运用达到了较高的水平，在高台民居复杂的巷内甚至存有些许过街楼、半街楼、抑或悬空楼等夯筑生土建筑（图 4-21），使土性材料技术运用发挥至极致。从新疆喀什高台建筑，以及鄯善吐峪沟的老城保留来看，新疆类似于夯土建筑的老城区，完全是开放的建筑群，并非河西走廊地区自西向东，各地域建筑处于严谨的防御状态，当然正是这种开放性，使建筑组群自由组合，创造了城镇发展的无限可能。

五、福建永定土楼（与丝绸之路夯土技术的源流关系）

从跨地域夯土技术传播的角度探讨客家土楼，在生态观基础上探究生土聚落意义。福建永定土楼在地缘上与河西相差甚远，但从时空关系而言，福建的

图 4-20　新疆高台老城区
（资料来源：网络）

图 4-21　新疆喀什半街楼、过街楼
（资料来源：网络）

客家土楼却是中原最早历经变乱[1]后，由中原人迁移至闽西、闽南、永定和南靖，为避免外来冲击建造的防御性地域建筑。中原历经五次人口南迁，其中最早为晋代五胡乱华的少数民族入侵，这造成人口的大融合过程，也随之在生活方式上有一定的交融现象。而土楼的起源，史料考证它的产生可追溯到公元10世纪（唐末宋初），客家民系在闽、粤、赣边区形成的时候，第一次南迁由晋至唐末经历了近600年的时间，期间的文化相融必定在朝代的更替中往复进行。因此，客家土楼的生土夯筑技术出现便也不足为奇。[2]

客家土楼的生态特点：

（1）选址因地制宜，节能节地，可持续；

（2）生产生活集合的居住建筑；

（3）特殊而有效的生土防御建筑；

（4）建造技术的地域化特色。

客家土楼用土、砂石、木片垒起厚重封闭的土楼，完全符合当下的生态理念，由于客家土楼特殊的建筑造型，因此在构造、材料、施工方法、建筑形态等方面都具有土楼自身的形态特点，建筑空间布局有圆、方、五凤、椭圆、八卦、半月及多边形等类型（图4-22、图4-23），超出了河西循规蹈矩的长方或近似于正方的建筑院落，但是两者皆属于族群聚落建筑集合体。土楼通常采

---

[1] 中原人民第一次大迁移（公元317~879年间），是由五胡乱华（匈奴、鲜卑、羯、羌、氐五个胡人部落）侵扰割据所引起。为避难，自晋代永嘉以后，中原汉族开始南迁，当时被称为“流人”。逐渐形成了三大支流，最后，远的到达了江西中南部、福建等地，近的，则仍徘徊于颍水、淮水、汝水、汉水一带。

第二次南迁（公元880~1126年间），由唐末黄巢起义引起。十几年动乱中，中国各地人民都分头迁徙。这次迁徙，远者，少数已达惠、嘉、韶等地，而多数则留居闽汀州，还有赣州东部各地。

第三次迁徙（1127~1644年间），宋时，由于金人、元人的入侵，客家人之一部分，再度迁徙。这次由于文天祥等组织人马在闽、粤、赣山区力抗入侵外族，三省交界处成为双方攻守的重地。于是，先至闽、赣的中原氏族再分迁至粤东、粤北。而与此同时，流入汀州者也为数日多。

第四次迁徙（1645~1843年间），明末清初，一方面客家内部人口已不断膨胀，另一方面，满洲部族入主中国。在抵抗清的入驻无力之后，民众再次分头迁徙，被迫散居各地。相当一部分人，迁入四川等遭兵火毁灭之地，重新开辟垦殖。是即第四次迁徙，“移湖广，填四川”。康熙皇帝为了争取南方的民心，赐给每个男子8两银子、妇女儿童4两银子，鼓励客家人迁入四川、广西及台湾。一向以客家人为荣的朱德同志的祖辈就是在这一次迁徙时，从韶关移居四川的。

第五次迁徙发生于太平天国起义末期（在1866年以后），当在清后期。这可以说是一次世界范围的迁徙。人口日多，山区条件差，不足养口。于是，客家人分迁往南至雷州、钦州、广州、潮汕等地，渡海则出至香港、澳门、台湾、南洋群岛，甚至远至欧美等地。

[2] 在第四章第一节第二点详细分析了丝绸之路夯筑技术的西进之路。

图 4-22 福建土楼类型 I（资料来源：作者自摄）

图 4-23 福建土楼类型 II（资料来源：作者自摄）

用庭院式复合型多层大群楼，高三至五层，建筑外层土墙厚度达 1m 的圆形或方形生土夯筑结构，创造了独具特色的“天内天”、“楼中楼”的建筑格局，而内部以木结构为主，形成了集生产、生活、居住为一体的多功能防御集群建筑。

院落依然不失传统建筑的中轴关系，设有堂屋、天井和祖堂，完全满足社会动荡的安全所需。当下闽西、闽南的永定、南靖等存有大量的客家土楼建筑遗迹。

以上是对丝绸之路沿线、跨地域和不同类型堡寨的防御性生土概念的细节表述，在与生态环境结合的过程中，能够看出不同地域建筑，充分地利用建筑空间范围、因地制宜布控，形成关中、河西、西域现有地域建筑的发展脉式（表 4–2）。

关中、河西、西域现有地域建筑状态对比 表 4–2

地域	建筑形制特点	主要材料	主要建筑技术
关中	窄院（单坡、双坡合院）：集群	土、木、砖、瓦、石	垒砌、土坯
河西	庄堡（缓坡合院）：相对独立	土（土坯）、红柳枝、木	夯筑、垒砌，草泥抹墙
西域	开放式单体建筑（平顶）：交错	土（麦秸秆、生石灰）、木	土坯垒砌、泥土加麦秸秆抹墙

姜氏庄园利用天然黄土窑洞的依山靠崖之势，形成庄园依山而建的防御守势，也同时兼有家族多功能的院落布控，与河西瑞安堡虽在建筑整体形式上不同，但从军事堡寨角度出发，两者的院落功能排布相近，都具有日常居住生活与防御的基本功能，又各具匠心；党家村根据所占山谷的天然屏障，形成密集的小气候村寨环境，在整个村寨的设计上，完全是由最初小规模家族逐渐发展而成，后期略显杂乱的无序状态，但其特点在于村落的建筑形制与错综变化的巷道，以及点缀其间的城门防守、宗祠、庙宇，和聚落中心的瞭望塔楼等，并有隧道可退出堡寨，做到整体村寨可防可守。太平时邻里鸡犬相闻，完全是陶渊明笔下的桃花源之景象。其中，姜氏庄园与瑞安堡都为地主乡绅的私宅城堡，属于寨堡型聚落。而党家村不同于前两者的地方，是属于大型村寨的军事堡寨，相较而言党家村的规模，应属于村舍堡寨形式。只因为时代久远，难以考证南武城具体格局，甚或是村落的日常生活管理模式，但就其规模来说同于党家村的防御性质，是居住与生产、生活、审美诉求紧密相结合的典范。从建筑形制上，新疆夯土建筑的复杂性，显然在河西没有得到复制，并且建筑的布局，以及建筑的院落关系，不再遵从于关中对称的四合院布局形式，因此不以单幢建筑进行围合，是西域与汉族传统四合院建筑存在的质的区别，由此能看出西域由于是中国最西北的边陲，因此建筑形制，在丝绸之路上也处于分水岭的分界点。但这一切并没有阻断世界最为普遍的土质材料的文化交流运用，在生态角

度上完全符合地域的生态环境条件，比如喀什高台建筑不强调建筑的日照，皆是因为新疆是典型的大陆性干旱气候，昼夜温差大所致。

当地域性建筑具备了物质与精神双重的场所空间时，那么军事堡寨类地域性建筑，首当其冲的功能特色便是围合的私密性。

第三节　丝绸之路段——关中与西域当代地域建筑发展

将研讨范围适当延伸，有助于观察丝绸之路地域建筑变化所发生的文化艺术现象。西域紧邻河西走廊，西域与河西之间的关系不言而喻，相对丝绸之路起始端的陕西长安，西域在地域上与河西存在更多的关联，但这并不影响跨区域之间的联系，本章节一方面从文化历史角度来侧重介绍河西与西域之间跨区域的联系，另一方面从当代地域建筑的实践案例中，对比阐述农耕生活文化习俗，在地域建筑中的外在表现，以及地域建筑被运用于新设计中的外化形式，从纵向的对比中分析河西地域建筑走向。

查阅许多的史料，还未曾见到相关河西地域建筑的确切论述，据笔者田野考察所见，河西地域建筑形式遗迹与西域地区巴里坤大河古城角楼（图 4–24）在做法上如出一辙，其对生土的依赖性显而易见。从丝绸之路沿线的残存庄堡遗迹，以及前面章节的论证，隐现一条西域至关中方向，由点至线的隐形带。河西地区的地域庄堡形式与西域的民居形式有更多相似之处，而渐向陕西地段则庄堡建筑形式渐于消退[1]，由此能推断河西庄堡地域民居形式，自西向东的变化，地域建筑与气候的变化紧密相随。进入河西，乌鞘岭是绕不开的地段，乌鞘岭[2]山脉的横隔使河西气候发生明显变化，过了乌鞘岭向东便进入天祝藏族自治县少数民族居住区，通过乌鞘岭连接了永登与古浪县五座隧道群，气候变化明显，建筑形式也已经有一个突变，藏区的民居形式除有标记性的建筑收分外，藏式建筑还具有独特的色彩体系——白、黑、黄、红等，同时每一种色

[1] 由本章节第二小节西北典型堡寨防御型地域建筑比较以及第二章第四节的河西壁画建筑影像与地域建筑遗存分析论述可得出此结论。

[2] 乌鞘岭海拔 3200m，气候寒冷。

图 4–24　西域巴里坤大河古城角楼（唐代）（资料来源：《丝绸之路艺术研究》）

彩和不同的使用方法都被赋予了一定宗教和民俗的含义[1]。河西藏式民居以黄色和装饰红色为主，民居的窗户一般都使用黑色窗套，其特点在河西藏式建筑中依然保留。值得留意的是建筑的体量上却与庄堡内建筑的低矮程度有相近度，门的尺度偏低，建筑都低矮，更适合于保暖，并且由于河西一带气候干燥少雨，因此房屋屋顶均为缓坡平顶，不同于四川阿坝和甘孜藏式建筑中藏式碉房的高耸形态，防御性也完全减弱。兰州市区的发展已完全不见庄堡的踪迹，首先能确定的是陕西关中建筑形式与之相去甚远，但在陕甘交界地带庄堡还是有迹可循，据访谈可知甘肃定西的陇西、岷县、漳县等地现今也存有大量已废弃且退耕为农的庄堡宅地[2]，有待进一步田野考察以确定其规模、形式和变化。据访谈天水地区塬上现仍存有许多残迹[3]，因此在地域的线型关系上有一定的联系，以此证明不同的地域条件造就了不同的建筑特点。该小节选择跨地域当代生土建筑的真实案例来分析地域建筑对生土的可持续性运用，从侧面反映地域建筑

[1] 通常白色为吉祥，黑色为驱邪，黄色为脱俗，红色为护法等。
[2] 访谈，此一地段暂未能作田野考察，有待进一步取证考察。
[3] 访谈，此一地段暂未能作田野考察，有待进一步取证考察。

本土特性，也进一步论证时代的脚步与地域建筑之间的关系。主要从相邻河西的长安和西域丝绸之路沿线，选取当下实际发生的相关地域建筑案例，从统筹的概念解析地域建筑的可持续发展，深入分析论证河西地域建筑当下的发展走向，河西当代建筑中地域化的演变并没有因为普世化的材料、工艺技术等的优先而被完全摒弃，而是以原有姿态的全新面貌展现地域的时代风貌。

一、西域当代生土建筑

西域案例选取新疆师范学院环艺系设计的《新疆鄯善县麻扎村生土建筑景观规划设计》[1]，该设计能充分挖掘地域建筑的可持续性发展与西域的根源性联系。麻扎村已被列入国家历史文化名村保护范畴，是新疆旅游开发的重要项目之一，该村落部分建筑有长达500年的历史，属于明代建筑[2]。麻扎村处于干旱少雨的地域气候环境中，当地村民采取适应自然的生存方式建造屋舍，由于麻扎村是多种宗教文化的交汇地而颇具神秘色彩[3][4]（图4–25）。被称之为东方麦加的新疆鄯善县麻扎村，先民根据当地的自然环境和生存需要，就地取材，因地制宜，充分巧妙地利用黄黏土造房，可谓集生土建筑之大成。采用砌、垒、挖、掏、拱、糊、搭（棚）等多种民间技艺形式，铸就现有村落面貌（图4–26~图4–28）。选择该村域作为分析案例根源于原始材质的相通性，该村至今是国内保存完好的生土建筑群，被称为“中国第一土庄”的麻扎村与河西庄堡建造的主要材料等同，都完全存在对于黏土的依附性。

该方案以吐峪沟麻扎阿勒迪村为背景，以艺术驿站（图4–29）、村史馆（图4–30）及新农村生土民居示范区三项内容的建设为目的，建筑方案整体采用现代景观规划的惯用手法，将不同的建筑进行了分划归类，并且在建筑群落中加进景观广场的聚落组合关系。黄土的统一色调包容了建筑群组，现代的建筑手法被赋予地域特色的建筑黏土发扬光大。建筑格局模式由民居户型（图4–31）

---

[1] 《土性文化——新疆鄯善县麻扎村生土建筑景观规划设计解析》一文中相关多民族迁徙形成的建筑形态。李群、李文浩等《装饰》2010（3）：143。

[2] 麻扎阿勒迪村地处火焰山南麓，北邻苏贝希和柏孜克里克文化古迹，南邻洋海古墓、阿斯塔纳古墓和高昌古城遗址，东邻柳中城及去往楼兰故城的迪卡尔村。

[3] 是伊斯兰教朝拜的圣地，“麻扎”是阿拉伯文的音译，本意为“圣地”、“圣徒墓”，主要指伊斯兰教显贵的陵墓。

[4] 麻扎村由于交通不便与经济的落后使这片古生土建筑得以保留，被形象地称之为一部生动“史书”和地域文化发展的“图形”读本，成为新疆当地非常珍贵的文化资源。

图 4–25　新疆鄯善县麻扎村鸟瞰
（资料来源：网络）

图 4–26　新疆鄯善县麻扎村一
（资料来源：网络）

图 4–27、图 4–28 新疆鄯善县麻扎村二（资料来源：网络）

图 4–29　方案艺术驿站模型（资料来源：网络）

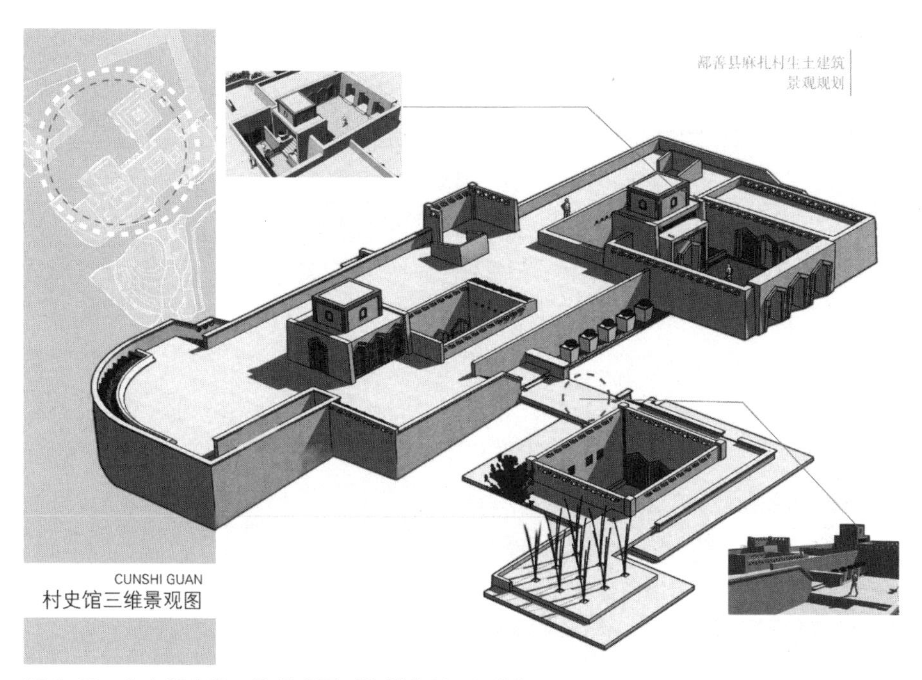

图 4–30 方案村史馆三维景观图（资料来源：网络）

图 4–31 生土民居方案户型（资料来源：网络）

单体建筑形式排序而成，在此作者认为这些整齐划一的建筑排列形式，是否会使建筑所固有的特色消失不见，要尊重麻扎村的老建筑样式，就像生长于地表的植物，协调融合于地貌环境之中，形成错落有致的自然村。本案值得赞许之处在于设计本身尊重地域的环境色彩，以及建筑的生态特性，在建造方法上体现建筑生土本色。本土民居的衍化分布主要与血缘关系紧密相关[1]，西域多种文化形态存在于丝绸之路经济形态因素中，使西域自古成为多民族迁徙共同聚集的地方，古村落现有的开放生态环境，恰恰证明了这种开放包容的民族态度和宽容的民族精神，这与当地信奉伊斯兰教的宗教信仰不无关系，经过不同文化的相互吸收、融合、调适，而逐渐形成兼容并蓄的地方文化特色。

麻扎村的设计解析仅限于设计图例[2]的分析，有待进一步的实地考察深化，从图像学的建筑角度分析，麻扎村的建筑依然保留了原有建筑的外在形态，集成了传统建筑形制，但是在建筑技术工艺的发展上摒弃了传统生土建筑的做法，更趋向于现代建筑的施工工艺。值得进一步探讨该地域建筑的发展模式。

二、丝绸之路桥头堡当代关中地域建筑

讨论关中建筑的目的在于两方面，一方面，关中院落的平面布控对丝绸之路河西地域建筑的影响，从院落布局的特点上还可见二者之间的联系，对比西域本土建筑的性质特点，分析陕西作为丝绸之路的桥头堡，在建筑的西传上起到了什么样的作用？还有哪些部分能看到相关的足迹？另一方面，陕西关中地域建筑本身自有的地域建筑形态的发展，相较于敦煌山庄、新疆麻扎村建筑各自有哪些不同特色？

陕西关中传统民居建筑的特点是平面布局的严谨性和四合院空间层次的繁复性，通常以两进院和三进院为多，惯为中轴对称，抱厦房采用单坡顶的对称形式（图 4–32）。熟知关中传统建筑形式[3]的设计师马清运将此种特点进行了新的语言阐释——《井宇》设计案例中突出强化了关中民居的典型特征

---

[1] 刘沛林在他的《古村落：和谐的人聚空间》中，将古代村落分为原始定居型、地区开发型、民族迁徙型、避世迁居型和历时嵌入型五种类型，而该设计也依据此论证相关多民族迁徙形成的建筑形态。

[2] 由于丝绸之路河西走廊沿线上千公里，地域版图广阔，就现研究阶段还未能实地考察西域地域建筑的实际情况。

[3] 马清运于 1965 年生于陕西西安，祖籍蓝田县玉山镇。他在蓝田县玉石镇当地先后设计了“玉山石柴”和“井宇”。

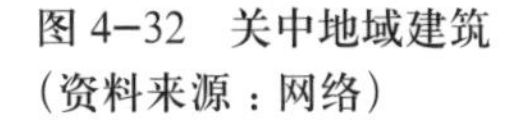
图 4–32　关中地域建筑
（资料来源：网络）

图 4–33　《井宇》建筑外立面
（资料来源：网络）

（图 4–33）。该设计的主要建筑是玉泉山庄葡萄酒厂的精品酒店。建造“井宇”的青砖都是在当地山下的砖窑里烧制的，通往“井宇”的路均由石头铺设而成，无论是步行还是车行都异常艰难，因此由山下仰望、拾级而上的过程平添了对建筑的好奇心。“井宇”屋顶是该设计的特别之处，黄土高原干燥的气候，冬日季风气候，共同造就了陕西农村房屋半边盖的习俗，因此在概括关中建筑语言上“井宇”设计可谓精妙，将抱厦的单坡屋顶左右结为一体的外立面建筑形式，造就了入户乖戾而自然，在简洁不失高雅中依然可捕捉到地域建筑的气息；建筑选用传统的青砖、木材为基材，传统院落的封闭性使后院得益于“井宇”名称的来历，四宇的院落围合形成了坐井观天之势；建筑青砖设计模式的独特细节处理巧妙，“井宇”并非《建筑十书》上传统的垒砌方法，而是采用了砖的模数换算，将砖的六厘米侧长为元素进行了互相的让位，使墙体最终砌出了具有整体肌理的意外效果，超出了传统的砖砌方式，形成了墙面的肌理质感（图 4–34）。在一些网络资料中，了解到其肌理的效果，是设计师与当地泥瓦匠现场讨论所得，从而更生动地说明地域技术与现代建筑设计的结合，将会产生富有设计语言的地域设计杰作，更具有时代的创新性。

如果说“井宇”是将传统建筑空间布局发挥到极致的作品，那么同样是马清运设计的“玉山石柴”便是结合地域材料的最佳案例[1]。整体院落的轴线网格决定了建筑和院墙的柱网关系（图 4–35）。在建筑物的框架中插入装饰材料，是很巧妙的一种设计方式，限定空间关系的同时，丰富建筑的立面。事实上，大部分外墙面填充当地河道里大小相同的鹅卵石，形成了色泽、肌理、质感统

[1] 马清运 . 关于“父亲宅”的自述 [J]. 建科之声，2004（5）：20.

图 4–34　井宇建筑后院墙面肌理效果（资料来源：网络）

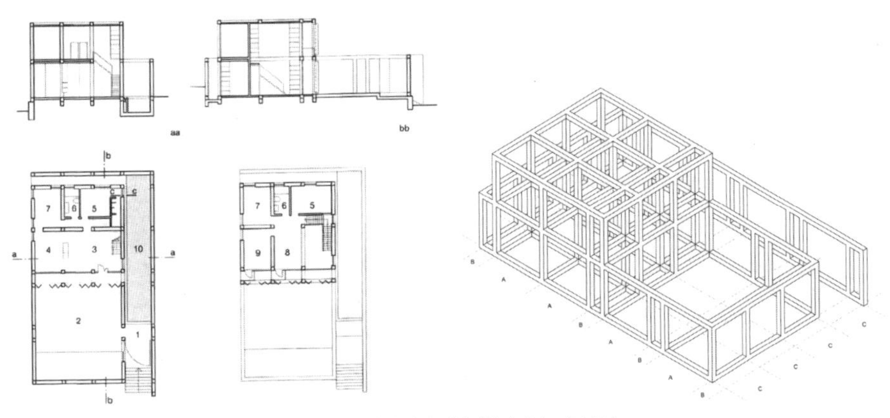

图 4–35　玉山石柴建筑平立面和柱网分析图（资料来源：网络）

一的效果；在内墙和顶棚表面，统一装饰竹节板，在室内外衔接上，将所有需要开门窗的部位均设为通高的孔洞，然后在孔洞内缘设玻璃门窗，在外缘设一系列竹节板饰面的折叠遮阳板，房屋正立面还特别设计一个 1.4m 进深的回廊（二层为阳台），落地玻璃门窗退到后面框架里，外边框架内设折叠遮阳板。这

图 4–36 玉山石柴内庭、墙面材质肌理（资料来源：网络）

样所有门窗填充都可以在全虚（玻璃或空洞）和全实（遮阳板）之间灵活转换，既能随意调整室内舒适性，又有效维持了填充墙面的整体性（图 4–36[1]）。

值得关注的是，于 2003 年，在中国西北的土地上建成“玉山石柴”这样一座具有地域特性的设计案例，在陕西地域建筑的发展史上具有里程碑的意义。近年陕西逐渐出现了一批相关地域建筑的室内、抑或装饰特色的设计作品，如左右客、瓦库等。“井宇”与“玉山石柴”设计从单纯的设计角度出发是无可厚非的杰作，前者是对传统空间与建筑形式的最好传承，后者是对地域建筑材料本质的发挥，但建筑在实际的后期运用上暴露出与地域地情之间的差距。据了解，设计建造“玉山石柴”的初衷是供其父亲居住，实际上由于建筑缺乏地域生活的亲和性，其父并不适应该建筑的生活方式，如今“玉山石柴”成为一个被众人参观的著名建筑，“井宇”也仅作为体验式酒店而存在，丧失了建筑的本体意义[2]。因此，地域化设计在得到肯定的同时更多地沦为了体验式建筑的角色，即 21 世纪初期定位的“实验建筑”。从 1999 年建成至今，经过十几年的考验，能够看出现代地域建筑发展的落寞之情，正如建筑评论家史涛对“实验建筑”的定位，当实验建筑面对现实问题时，具有较大的局限性，难以将更为广泛的建筑实践和试验纳入普世语境中去。这也是目前陕西具有特点的地域建筑的延展实例。如果从时间节点开端上比较，河西“敦煌山庄”地域建筑的实际发展则显得略胜一筹，“玉山石柴”建于 1990 年代末期，“敦煌山庄”建于 1990 年代初期，如今“敦煌山庄”完全进入了良性循环的建筑

[1] 马清运 . 关于“父亲宅”的自述 [J]. 建科之声，2004（5）：20.

[2] 井宇作为酒店运营，以每晚 500~1000 美元的收费标准，成为参观、体验的场所。

运营阶段[1]。首先，敦煌山庄建筑的出发点不同于马清运建筑的“实验建筑”之本色。其次，策划运营角度也完全不同，相比较而言敦煌山庄具备一定范围的推广性，在实践运行中也是经得起时间考验的“当代建筑”。就陕西与西域丝绸之路沿线地域建筑的实例发展形态来看，关中地域建筑的发展基本停留于外在传统建筑形态的凝缩与原有形态的剥离，从实际的使用情况分析，体验式的地域建筑与实际的地情存在着差距，只有互动考虑地域建筑的情感，才能真正实现地域建筑归属感的再现。

总体来说[2]，虽然玉山石柴和井宇两座建筑，成为陕西关中早期现代地域建筑的标杆，也是21世纪早期与张永和的席殊书屋和隈研吾的竹屋等并立的一批“实验建筑”，但其建造属于现代建筑的讨论范畴，绝非地域建筑可以参考的生态建筑典范。此种方式是现代建筑偷梁换柱、改头换面的一种尝试，其外形虽然酷似地域传统建筑，但并未逃脱现代建构理论构架的实质。尤其是大量建筑立面装饰选用河道的自然鹅卵石（图4-37），其普遍性的推广存在资源的不可复制性，实属现代建筑的诟病之一。河西走廊在未来的发展中，对生土建筑的理解，一定要站在现代建筑和生态地域建筑二者之间的区别点上，关注未来建筑的发展趋势。

图 4-37　玉山石柴入口（资料来源：网络）

---

❶ 相关敦煌山庄的详细案例解析见第四章第二节。

❷ 在第二章确立河西地域建筑庄堡典型性的基础上，本章节进一步阐述和分析了庄堡独特的地域建筑形态，并且通过研究分析西北地域，空间防御型堡寨及其夯筑技术；河西地区两端关中与西域，当代地域建筑与生态的典型案例，解读地域空间范围内地域建筑的再创造，表明地域本土化建筑的发展与生存状态，通过从传统走入当代，纵向分析推断建筑的最终流向问题。

第五章 河西走廊地域建筑的生态表现

经过多角度分析河西走廊典型性堡寨建筑的生态特点，得知河西走廊有着自身独特的建筑格调，作为西北不发达地区，对河西的研究一直停留于匮乏阶段。全国绝大多数地区已相继推出《苏州民居》、《浙江民居》、《福建民居》、《陕北窑洞民居》、《山西建筑》等一系列有特色的地域建筑研究内容，因此，对于河西走廊特殊的人文生态，也处于急需研究的阶段。

甘肃地域狭长，由东向西北延伸，各地区自然条件复杂，土壤和地形有很大差异。植被较好的地区在陇东、陇西大部分区域，临夏—康乐—渭源—秦安—平凉—庆阳一线以南地区，为森林草原地带，此线以北主要为黄土高原沟壑和戈壁。全省森林主要在秦岭、甘南藏区、洮河、白龙江、大夏河流域。[1]河西走廊地区地广人稀，自然生态环境脆弱，对传统堡寨建筑的保护与有限开发尚未展开。作为地域性特点的典型代表，庄堡建筑忠实地记录了本土地域文化生活，在实地田野考察中，面对堡子鲜活的地域文化沉淀，对河西走廊庄堡的建筑形式根源产生了特殊的情感与疑惑。

河西走廊特殊的地域环境造就了适合该地域的建筑类型——庄堡。河西生态环境有它的特殊性，首先，疑惑河西部分地区面对贫瘠的沙土地，土层夯筑墙所需求的土壤层从何而来？也就是建筑的最基本材料来源在哪里，在对河西的田野考察中得知，如瓜州县锁阳城（苦峪城）、塔尔寺、嘉峪关野麻湾城、敦煌的大盘城和小方盘城等堡子皆由生土建造，规模浩大、壮观。其中，锁阳城完全是小型城市的概念，有防御的敌楼马面等建筑形式（图 5–1、图 5–2），从现场 24 座马面的规格可想见锁阳城工程之浩大，现存庄墙残破，城垣之上残高 18m 的角墩直冲云霄。大方盘城作为玉门关的丝绸之路配给站，规模出乎常人意想，大方盘城在茫茫戈壁上寻找一片低洼地营建，目的为防止匈奴的劫掠，玉门关与大方盘城之间的 12 座烽火台，现虽仅存一座遗迹，已可知粮食由水路党项河运达此地悄然隐藏，保证了储纳。仅粮仓 1200m 长的立面就可想见储纳之丰，建筑之高大，占地之广……考察实地的所见所闻，不禁令人越发产生疑惑，平坦的戈壁沙土之上，如此浩大土方工程的材料来源是哪里？就现有周边茫茫沙土戈壁的地域环境，取土之源着实令人困惑。高大城垣除了防御之外生土的意义在哪里？以及此种现象在经历多个世纪后为何废弃，其中的互为关系是什么？不同历史发展阶段，地域生态环境的变化，使地域建筑在

---

[1] 崔国权 . 甘肃省情（内部发行）[Z]，1988：107–108.

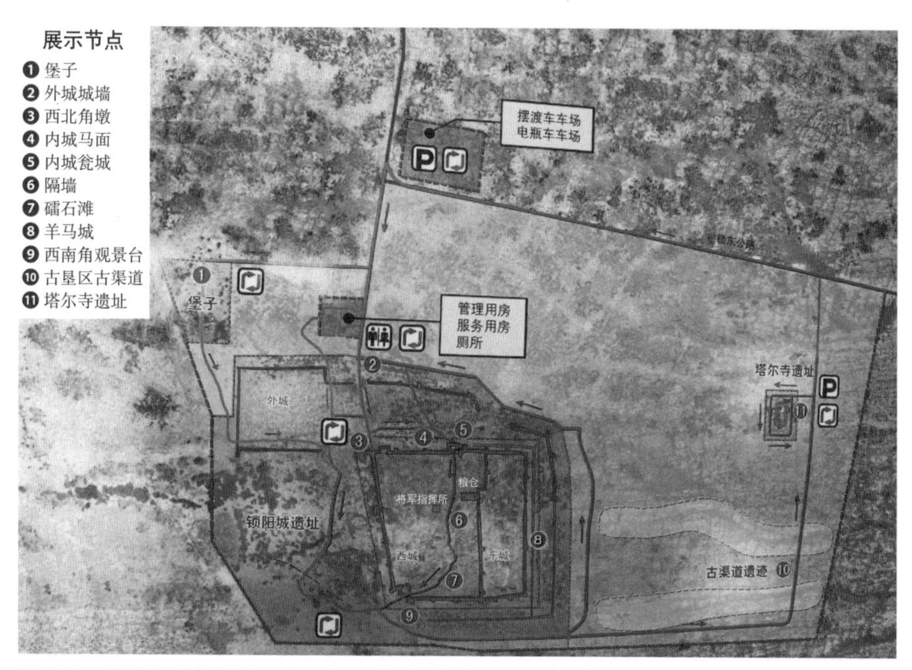

图 5-1　锁阳城（苦峪城）总平面图（资料来源：作者自摄）

图 5-2　城址马面遗迹（资料来源：作者自摄）

变化中适应着地域的变迁，其中原因需要剥离城堡建造的原始元素寻求解答。强调生态视域下河西地域建筑未来的发展途径，在解析生态环境以及生态地域民居现状的基础上，追溯地域生态用材与建筑之间的来源联系，正确认识河西走廊生态环境与地域建筑之间的起始因果，通过大量地域生态建筑元素的溯源，认知创新与转变之间存在的合理化因素，寻找河西本土建筑设计符号语言创新的契机。

第一节　河西走廊自然生态对地域建筑的影响

庄堡类建筑内部结构和建筑特征，反映了河西走廊地区自然生态、社会生活、经济发展和风俗习惯等诸多信息，揭示了局部地区的人居环境需求，及地域建筑特点。河西地域建筑在发展与不断衰亡的同时，庄堡建筑遵循地域生态发展方向，以自身事物发展规律演变，影响着地域化传统建筑。

一、夯土庄墙材质的来源

河西走廊地区东起乌鞘岭，西至甘新交界处，东西长达1000多公里，而南北仅十几至百余公里，狭长的自然生态区域存在事物的多样性（表5-1）。由于河西地区所处为东南季风区、蒙新高原区和青藏高原区的交汇处，因此土壤类型较为多样。河西走廊地区构造主要为祁连山山前凹陷带，其中充填着第三纪红色岩层与近期历史沉积，因此首先排除掉黄土夯墙土质材料取自祁连山脉的可能，走廊地区一路沿途基本处于地势平坦的山脉间，其开阔带在祁连山于北山之间，呈双向不对称倾斜平原，因此山麓分布着连续的裙状洪积扇，其表面分布有不同厚度的表土层，也存在部分裸露的洪积戈壁。不同的洪积扇形成不同的土壤层，所以不同地域土层量的不同增加了工事建造的难度，其重点为土方量的开采与运输成本的差异。河西的主要特点表现为地势高亢、高差大，以山地和高原为主，且地形破碎、区域差异明显。在这狭长的空间区位里形成了河西地区的山脉、绿洲、沙漠戈壁相间的自然地域生态环境，比北部荒漠台塬区地形更为复杂。

河西走廊受自然因素制约所形成的土壤地理分布特征❶　　表5-1

1	荒漠土壤广泛分布于河西走廊及北部的阿拉善荒漠和半荒漠地区，其中灰棕荒漠分布在走廊中段以及西段山前砾质戈壁带，土壤结构差，主要用作牧场；棕色荒漠分布在河西走廊嘉峪关以西，土壤发育程度极弱，大面积为戈壁，可用于灌溉、农耕，目前多为牧场。灰漠分布在走廊中段和西段山前洪积扇、剥蚀残丘及河岸阶地，土壤较细，可以农业利用，须防止其盐碱化
2	高山寒漠土壤为高山土壤类型之一，其处于高海拔地带，土质适宜农牧业
3	非地带性土类包括盐碱土、草甸土、风沙土、沼泽土和灌耕土等，前三种都不适宜农耕与开垦，灌耕土是人们长期耕作形成的农耕土壤，主要分布于河西走廊和阿拉善高原各个河流的下游绿洲中

（资料来源：作者整理绘制）

在前文中所提到的野麻湾遗址就在嘉峪关一带，现遗址主要为高大墙垣。据野麻湾村中长者所述，在新中国成立后因为当地牧场缺土，曾经将废弃的野麻湾营堡炸墙垣取土，现今还可见西南城角墙上所留的巨大爆破痕迹（图5-3）。可见当地是缺乏用土，但是百年耸立于此的城垣遗址又在诉说着这种奇特的建筑现象。根据对河西走廊现场的调研发现，很多废弃的堡子直接在堡内大量进行农作物耕种，原有建筑遗址除城垣屹立之外，其他已回归自然，完全没有污染生态的任何痕迹。庄堡夯筑的主要建筑素材是土，墙体最终的结实程度依赖于土壤黏性的大小，如果土质含沙量过大，即便反复夯筑也不能达到防风防震的效果，因此对黏性黄土的需求是显而易见的。后经资料考证，在西北沙漠地带对于修筑特别重要的关城与重要城堡时，通常从异地取土，即被称之为“客土”。比如属于沙漠戈壁地区的嘉峪关，在筑城时黄土全部取自北山（又称黑山、嘉峪山）❷。访谈时，野麻湾村的81岁老人吴丰金，讲述其小的时候，见到野麻湾村庄堡修建的功德碑，上面记载有所出的劳动力人数、口粮数，甚至讲述到用盐三担多。因此，在戈壁上兴建高大的夯土城堡，其浩大工程量所耗费的人力、物力难以想象，对于官家的城池可以有大量的物力、人力投入进行取土修筑，而普通民众没有开山挖路取土的可能，也由此可推断，河西城堡生土夯筑的土质主要来自于各绿洲下游的灌溉土壤。

❶ 李世明等．河西走廊水资源合理利用与生态环境保护[M].南京：黄河水利出版社，2002：2-3.

❷ 景爱，苗天娥．剖析长城夯土版筑的技术方法[J].中国文物科学研究，2008（2）：55.文中所注嘉峪关周长640m，墙基宽6.6m，夯土墙高6m，据计算所需黄土25500m^3。黄土皆从数十公里以外的北山而来，交通工具是老牛牵引的木车，每车只能运载0.5m^3，一天一次。

图 5-3　野麻湾村堡外围西南城角残迹（资料来源：作者自摄）

二、河西走廊黏土材料运用技术的发源

根据史料记载，河西地区的四坝文化和沙井文化遗址是我国最早的史前夯筑建筑。[1] 四坝遗址中发现有夯土墙残段，并有用土坯、砾石砌筑的房址；沙井文化遗址中也有黄土垒筑的高大城墙，是防御外敌的城堡建筑。夯土是我国北方地区三大生土建筑材料之一，主要分布于黄河以北的半干旱地区及河北、东北、内蒙古等地，这些地区冬季气温低，夯土墙具有良好的保温功能。夯土、土坯、石砌墙体是甘肃传统建筑的主要用材和工艺，河西不同地段土质层的不同决定了夯筑施工技术在各地的表现特征也有所不同。甘肃境内的汉长城版筑墙体多加有芦苇，今日一些盐碱地区还在夯土中加芦苇层以隔碱，如武威民勤的瑞安堡。

传统堡寨夯土的施工工艺：

版筑法：是先树立夹捆木板用的小木桩（棍）四根，顺着墙体宽度的两桩上部用绳子拴紧，放夹板、填土、夯打，顺墙体的一面形成木板痕。墙体的两端也用木板或竹板阻挡形成木槽，于内填土夯筑城墙。

版筑法：用两块侧板、一块端板组成模具，即组成木槽，于内填土夯打城墙。

椽筑法：用圆椽代替木板，也称为“桢干筑墙法”。“桢”即墙两端的模板，与墙的断面相同；“干”是圆木椽，相当于侧板，宋代称“膊椽”。“桢”置于两“干”之间，用草绳把两侧相对的“干”连接膊紧，在其内填土夯筑。

[1] 在本文的第二章第一小节中有对四坝文化和沙井文化的具体介绍。

甘肃境内堡寨的堡墙修筑方式有夯土版筑、土坯垒砌、青砖砌筑、砖石土坯混合砌筑等，其中以夯土版筑为盛，砖墙砌筑的堡墙极为少见。

土性建筑材料的运用。

图 5–4　版筑（采自清人摹绘元人写本题影宋钞《绘图尔雅》）（资料来源：《考工记》）

通过对资料的整理学习，认识到黏土的运用并非是河西土生土长的生土技术。葛承雍考证指出，从人类建筑史追踪溯源，埃及古王国、亚述帝国、波斯帝国，以及中亚和中国新疆，土坯建筑都比黄河流域汉文化中的土坯使用得要早，工艺技术更精，历经几千年没有改变（图 5–4）。春秋战国时期夯土技术已经相当成熟，《考工记》载："墙高与基宽相等，顶宽为基宽的三分之二，门墙的尺度以'版'为基数"[1]。自汉唐以来，长期占据我国古代建筑史重要地位的筑坯技术，实际上来源于古西域地区。[2] 并且提出"考古界认为我国最早的土坯墙见于商末周初[3] 不够确切，指出商周时期土坯制作和使用还不普遍，只是在宫室建筑中偶有出现。商周时期的建筑多为版筑墙[4]，要比土坯脱制、抹平、晒干快得多，其土层结合粘连更紧密，故而版筑夯土被普遍运用"。宋代的夯土版筑、砌墙技术比以前有了巨大进步，夯土墙的高与厚之比已从早期的 1 ： 1 变为 3 ： 1，意味着民间住宅建筑普遍采用夯土墙的可能[5]。明代以来，夯土建筑由于烧砖技术的发展开始逐渐减少，但是民间的普通民居还依然多有沿用，并且夯筑技术有所改变，大量使用土坯营造。事实上，"土坯"在我国又名"胡墼"，并且在西北的农村地区，现仍存有大量保留胡墼墙的历史建筑，例如在陕西三原县柏舍村走访时发现，现存的胡墼墙有一两百年的历史，蓝田县的偏远村舍也依然有大量胡墼墙，由于地方口音不同产生多种变音的叫法，如当地

[1] 刘敦桢 . 中国古代建筑史 [M]. 北京：中国建筑工业出版社，1984：37.
[2] 葛承雍 ."胡墼"渊源与西域建筑 [J]. 寻根，2000（5）.
[3] 主要依据是中国科学院考古研究所二里头工作队出版的《河南偃师二里头早商宫殿遗址发掘简报》.（《考古》，1974 年第 4 期）。
[4] 版筑夯土技术要早于土坯技术。
[5] 林嘉书 . 凝固的音乐和立体的诗篇 [M]. 上海：上海人民出版社，2006：241.

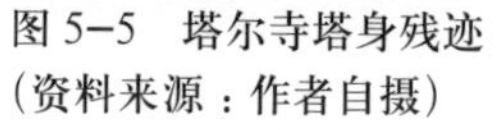
图 5–5 塔尔寺塔身残迹
（资料来源：作者自摄）

图 5–6 塔尔寺遗址
（资料来源：作者自摄）

人俗称有“胡基”、“胡期”、“胡其”。《一切经音义》卷四十七解释，“墼”为击压泥土制成的方形的像坯一样的东西，不入窑烧制，用作修筑城垒的材料。[1]《说文》：墼，令适也，一曰未烧者。段注：令适即令甓。甓就是砖，墼就是未烧的砖。土坯在河西不仅仅被广泛应用于民居建筑，同时被用于营造城墙、佛塔等，如今敦煌锁阳城的塔尔寺依然留存有土坯建造的塔的遗迹，建造技术以拱砌、垒砌为主（图 5–5、图 5–6）。

由此可知，民居建筑在历史发展过程中，夯土技术占据了很重要的地位。为什么“土”可作为古建筑的第一首选材料，由此必须分析人类居所演变的溯源，从狩猎到农业、从洞穴到房屋，经过的一系列复杂生存方式的改变。先以捕猎为食，然后到以畜牧转化成农耕为主，这之间的跨越也是建筑样式改变的跳跃节点。以洞穴为观念的庇护所转化为具有创造性的定居屋舍，之间最大的变化是定居屋舍的群居样式到私密空间构筑发展的飞跃，这使建筑出现了多样化。某种建筑材料的出现使这种可能变为现实，“胡墼”的出现为这种翻天覆地的变化创造了可能，垒砌墙块的形成，意味着墙的拆分和整体建筑关系的剥离，产生不同的空间格局，单体土坯的出现使圆形主体建筑呈现长方形的空间，建筑向高级别发展出现了可能。如产生于约公元前 3000 年的伊朗北部的苏丹尼耶村庄，以及现存的 300 年前的也门希巴姆老城夯土高层建筑（图 5–7、图 5–8）[2]

[1] http：//baike.baidu.com/link?url=h9isiMlJeycZYIP9DMr5Hv1CQ–7PMOhowL9GyFGNFj_I8V06KLsQNWeMjQMsZEKSqeWl59RboztQXTP8ax9bUq.

[2]（英）斯蒂芬·加德纳．人类的居所 [M]. 汪瑞等．北京：北京大学出版社，2006：10.

图 5-7　伊朗北部苏丹尼耶村庄俯瞰（资料来源：《人类的居所》）

图 5-8　也门希巴姆老城夯土高层建筑（资料来源：网络）

从世界范围看，中国古代制作土坯的技术相对古埃及、西亚和中亚地区较晚。公元前4000年的古代中东、西亚地区开始大量使用土坯。公元前6世纪波斯帝国征服古埃及和西亚后，吸取了用土坯建筑宫殿、住宅的方法，其砌筑技术十分精致。公元前4世纪以后，马其顿帝国东征到中亚边缘，中亚大部分地区受其影响，以土坯砌作的拱顶建筑旋即蔓延开来。在我国新疆境内就发现有公元前2世纪的土坯建筑。从中外文化交流的历史角度看，远在汉代张骞通西域之前，中亚的游牧民族就穿梭于东西方之间。汉通西域之后，随着外来胡帐、胡床、胡座等家具的输入，使中国家具由席居渐渐转换为高足家具,对中原建筑整体尺度的升高起了促进作用。沿着古代的“丝绸之路”[1]，西亚、中亚的土坯制作技术也与外来民族（又称胡族）移民一起来到中原。其中，葛承雍还认为,中原工匠模仿西域制作大土坯,是为了区别内地类似泥砖的“土墼”，遂称“胡墼”，道破了土坯技术的来源。[2]事实上，考古文物实例已证明，中亚的“胡墼”尺寸普遍要比汉地的“土墼”大。所以，“胡墼”的语源叫法有着丝绸之路的历史背景，是中外建筑文化交流的产物，也是汉人接受胡人文化的历史见证。例如，在建筑的最基础元素中我们能够看出锁阳城塔尔寺遗迹，耸立的土塔残迹中土坯清晰可见，建筑材料背后体现着丝绸之路中外文化交流的互融性。

从以上内容分析来看，河西早期仰韶文化和齐家文化的穴居“土”的特性，使地域建筑本身存在着穴居情感。尤其在河西脆弱的生态环境中，人与环境的关系更需要生态链的调节。河西庄堡夯土墙垣的技术层面，保留着早期传统穴居的半穴居方式，相对的是土性空间纵向发展的延伸，表明河西建筑发展形势相比关中横向的四合院发展形势要晚，二者的结合，想必也是经过了一定的工匠技艺的结合。因此，庄堡的“土”质特性与传统四合院的结合体现，表明河西特殊的生态环境，使夯土墙的形式得以保留，当然也不排除河西在历史中特殊地理位置的影响，对此在第三章第四节河西壁画建筑影像与地域建筑遗存分析中有详细解析。从图像学的角度分析，西域民居建筑对河西的影响也存在交融与碰撞。因此，河西地域建筑发展的时间节点，是关中向西域，西域向关中双向运动的时空对接点。

---

[1] 除丝绸之路的交通贸易作用之外，不乏历史上的胡人入侵中原事件，所带来的后续影响。如历史上的五胡乱华。关于此内容在第三章第二节有陈述。

[2] http：//news.eastday.com/epublish/gb/paper10/20001217/class001000014/hwz267461.htm.

三、夯土特性与地理气候

河西生态地域建筑的夯土建筑特性，作为生土建筑的重要特性之一，可承重兼保温隔热、透气防火、低能耗、无污染、可再生的作用。因此，对于夯土特性的认知便显得弥足珍贵。

河西走廊深处内陆，高山阻隔使海洋潮湿气流不易到达，因而呈现干旱的大陆性气候，地带性和区域性气候有东西差异，越往走廊西部和阿拉善高原区域，风沙灾害越容易致使大量土地沙化。由于冬季河西走廊受控于蒙古高压，盛行偏北风，因此天气干旱少雨；而春季太平洋副热带高压扩展，西北部的沙漠戈壁地带就极易形成沙尘暴；通常夏季在大陆热低压和太平洋副热带高压的控制范围下，会造成大气层结构的不稳定而产生降水；由于祁连山的阻隔作用，西北冬季仍为西风气流所控制；秋季太平洋副热带高压退去，蒙古高压增强往往形成秋高气爽的天气，西部、北部降水几乎为零。因此，河西走廊内陆经年平均气温由东向西逐渐减小，大部分地区冬季寒冷，夏季短暂，春季回暖快，秋季短促。河西走廊祁连山地、北山山地、阿拉善高原等冬夏温差大，温度冬日可低于 -30℃，对牲畜影响很大，夏季个别地区气温可超 40℃，形成极干旱气候；因为河西走廊地处干旱区域，形成了太阳辐射强、日照充足等便于发电与发展畜牧业的自然生态特点。

从以上的自然气候条件来讲，需要高大的城垣建筑形式，来适应该地域的自然气候条件，以备抵挡特大风暴和冬日极寒的霜冻状况。在多处的调研中，发现庄堡的建筑形制发展不仅仅是庄窠的单一围合形式，也有院落套院落的空间布局形式。在武威古浪双塔村便发现还在使用此类院落，主人侯春茂老人（73 岁）介绍了院落的大致情况，最外围庄墙内通常为牲畜，其次，内院为长、短工、下人以及厨房用地等，主人住在核心院落之内，人口最为繁盛时期为祖上爷爷辈，内院住叔父辈兄弟六人，总院落占地约 4~5 亩地，约 40 口人同吃住，这样的描述瞬间将思绪带入到当时的生活场景中去，也能想见院落的规模之大。通常庄堡内部建筑的营造低于庄墙 1m 有余，而侯春茂老人的地主庄堡墙高达 8m（图 5-9），墙基底围近 3m 宽，能很好地应对大风与沙暴的恶劣天气，形成院内的小气候环境，庄墙对于日照充实的夏季有利于形成遮阴面，建筑回廊的营造能更好地应对不同的季节变化。因此，高大庄墙的建造，不仅仅是因为河西常年战乱防御的唯一要求，显而易见自然生态环境起了很大的作用，使人

图 5-9　武威古浪县双塔村泗水乡五组侯春茂老人家现院落建筑入口与庄墙的高度比较（资料来源：作者自摄）

们更愿意接受此种建筑形制在当地的发展。

四、河西现代生态环境的形成与传统地域建筑之间的博弈

河西干旱地区以戈壁沙漠为主，河西走廊地区现代生态环境的形成，正是各绿洲人类社会经济活动中，开发利用、人地关系协调、生态环境保护的综合作用，是社会发展史与生态环境之间相互作用的结果。从大量资料中了解到，对人类不利的主要因素体现在，水土资源利用的不合理，系列开发活动造成的绿洲荒漠化，最终致使人类生存条件的渐趋恶化。历史时期，土地荒漠化的主要原因是过垦、滥垦、战争等导致的垦区荒废和水资源转移；而当下水系变迁和人工绿洲的无限扩大，造成了流域内水资源分配格局的重大变化，突出地表现为水资源消耗向中游集中，甚至向山前转移的趋势。河西走廊地区东部具有更悠久的开发历史和更高的开发强度，总体荒漠化程度呈现为东强西弱的格局。据资料显示，从石羊河、黑河、疏勒河等主要流域看，

由于中游水土资源开发利用过大过强，导致下游地区荒漠化严重。由此证明，生态化的发展必须统筹合理地分布资源，不能以中游或上游的发展为代价。在这样的历史发展前提下，庄堡以土质和占地为需求的建筑形态，应顺应时代，求新求变。

水土资源与地方生态环境的紧密联系，其中有一个不争的事实，便是对土地资源的合理利用，河西庄堡夯筑的传统建造方式，不能脱离对土地资源的依赖，那么对于当下庄堡退出历史舞台主要存在哪些疑惑呢（表 5–2）？生态环境在河西走廊最明显的问题在于土地的荒漠化，土地荒漠化除了滥牧、滥樵和滥垦导致山区水土流失外，最终便是土地风沙、干旱与盐碱。河西地区除戈壁和风蚀残丘外，正在为人类所利用的非沙漠化土地包括耕地、林地、草地和其他用途土地，占河西总土地面积的 35%~50%，是当地居民生活的基本生活条件。历史上几次人口高峰带来了严重的生态破坏，致使河西发展进入不断的荒漠化中，尤其是现代工业的发展以及人口的翻番，这所有的一切如果继续选用夯筑庄堡的地域民居方式，那将是进一步直接性掠夺土地资源的可怕方式，进一步加剧不合理的人为社会活动因素，也将会使沙漠化进一步扩展。

庄堡地域建筑退出历史舞台的可能性原因 表 5–2

首先	城堡占用土地资源的广泛性
其次	城垣的夯筑需要大量的灌耕土
再次	新中国成立后地方和平解除了防御性的必要
最终	现代材料便捷而相对低廉的成本

以上分析皆为庄堡地域建筑渐渐淡出历史舞台的主要原因，在对河西的调研途中，沿途随处询问村庄多存有废弃的堡子，或残存的庄墙，抑或留有四周夯筑庄墙，而内部空间已还原为耕地的现存状态。如临泽的南武城高大敦厚的庄墙残迹（图 5–10），山丹胭脂山三坝村堡子残土。从侧面也反映出河西生态地域建筑具有源于自然，又易归于自然的最佳生态特性。虽然庄堡已经退出历史舞台，但并不代表其毫无优势，需要通过更为合理的方式将其转化至当下的地域建筑发展方向。

图 5-10　张掖高台县义和村原村堡残留庄墙、残迹高 10 ~ 11m、底宽 2m 左右
（资料来源：作者自摄）

第二节 河西本土地域建筑原创

地域建筑的生活轨迹与人们的日常生活息息相关，经历漫长历史时代的洗礼，产生特定地域的特定模式，是人类适应自然环境而再创造的结果。经过无数代"没有设计师"的设计改造后，地域建筑几乎达到院落的完美状态。由于现代文明的冲击、无间隔的交通信息，与材料的日新月异，使这种不可能改变的地域标本渐于失落，但这所有的一切都阻隔不了原有地域建筑的夹缝求生，地域建筑在迂回中前进的脚步是悄然的。辨识原有地域建筑生态化的地域符号，讨论河西走廊地域建筑的源流，进一步寻找河西地域建筑生命力向上的发展因素——即地域建筑与生态之间的关系。

"敦煌山庄"纵然是一座十足的现代建筑，但从河西走廊一路调研的种种迹象与影像分析，依然能寻觅到建筑体量、形式和格局都具有传统地域建筑的影像。"敦煌山庄"的真实写照，激发笔者对"河西走廊生态与地域建筑走向"的追溯本意。"敦煌山庄"建于20世纪末，是河西地域建筑最初的案例探索，经过20年的考验越发印证了本土文化实践的可行性。

"敦煌山庄"建筑群的"前世今生"

"敦煌山庄"建造于20世纪末，由甘肃冶金设计院设计。该建筑项目立足于全面反映甘肃传统文化和丝绸之路的文化特色，力求与大漠风光相融相生。在不同的环境条件下，探求表现西部的建筑文化传统特色。另外，也希望以旅游品牌的亮点环节，提高敦煌城市服务行业的形象。鉴于项目立项的出发点，敦煌山庄整体的建筑考量，依据地域性建筑的生态观，建造了属于地方特有意识形态的建筑群落。选取"敦煌山庄"建筑群，作为河西走廊历史建筑新起点的表意，其原因在于"敦煌山庄"从建筑形式感、材料、工艺构造和技术等角度，都能深刻表现河西走廊具有代表性地域建筑"坞"与"庄子"新的生命循环[1]，堪称河西现代地域建筑的代表。

通过逆向性思维追溯"敦煌山庄"建筑形态渊源之脉络，确定河西区别于其他地区的地域建筑风格形式。张正康发表于1996年12期的《建筑学报》的

---

[1] 第二章详细介绍、分析了河西走廊遗留的历史建筑，第三章分析了河西石窟壁画与壁画墓建筑影像。

《一次西部建筑创作实践——敦煌山庄设计》提出，庄窠是河西民居建筑的“堡子”与“庄子”。在此笔者质疑的正是庄窠能等同于堡子与庄子吗？如果二者之间存在差别，那么河西地域建筑所能确定的独特建筑形式只能是庄堡，而不会与庄窠[1]混为一谈。“敦煌山庄”除了公共区域（酒店大堂与客房部），在形式上采用了堡子的形式，更多的是针对传统庄堡建筑的现代表意，应该归属于地域建筑的升华层面。当然，“敦煌山庄”的设计不能避开的是现代技术的支撑，对地域传统的延续，在“敦煌山庄”别墅区的客房部就越发显示出了杂糅的成分，别墅区客房部完全属于庄窠的建造方式。但是在河西一路的调研中，当地民众无论老少都直呼“堡子”或“庄子”，无人称呼“庄窠”或提及庄窠，甚或无人知晓。而哈静发表于《华中建筑》中的《青海“庄窠”式传统民居的地域性特色探析》一文强调，当地人称夯筑而成似堡垒的土墙平顶四合院民居为“庄窠”。同时，本书在第四章第二节中详细介绍、分析了庄窠历史建筑，第三章也分析了河西石窟壁画与壁画墓建筑影像等内容，可以从所研究的庄窠建筑平面图，与河西现存“堡子”与“庄子”防御性的比较，得出两者之间存有一定的地域差异性。因此，敦煌山庄的设计在分析溯源的角度上，不能将庄堡与庄窠混为一谈。虽然原有设计者强调了庄窠的建造语言，但庄窠并非河西地域原有建筑特色，而应是主体建筑客房部庄堡的设计语言，更接近于河西庄堡的设计元素。从表 5–3 能看出河西走廊庄堡与庄窠的主要不同之处，“敦煌山庄”对实际地域建筑内涵延续的结合与生发作用。

具体分析“敦煌山庄”的目的，是要强调河西现代建筑，在传承地域建筑的过程中，保持建筑形态所形成的地域特点。敦煌山庄地处敦煌，距鸣沙山不到 2km，周边夏季高温辐射沙体，使沙体较其他物体升温更快、温度更高，炙热的沙体连同太阳辐射热量的传递，势必额外加重周边建筑的供热负荷。那么什么样的建筑形式，才能满足既适应气候又适宜于地域环境的条件呢？敦煌山庄首要解决了防风、挡沙、保温、隔热环境作用下的建筑技术问题，为现代中央空调、通风、采光等创造条件，最大限度地节约了电能资源，这恰恰是敦煌山庄设计者切入的角度。在论文的整体讨论分析中，明确河西走廊由来已久的地域化生态建筑形式为“庄堡”，它在河西走廊特定的脆弱生态环境中，特定的气候与材料形成了建筑夯土围合形式的单一性，使建筑整体统一而协调。

[1] 庄窠建筑如今主要流行于青海东部的回、土、撒拉等民族。

河西庄堡、青海庄窠与敦煌山庄特点分析　　表 5-3

序号	名称	堡子	庄窠	敦煌山庄普通客房部与别墅客房
1	平面布局	平面多为长方形，且庄墙更为高大，在8~10m左右，可分为多进院	平面多接近正方形，庄墙高度通常为4m左右，院落通体由回廊连接	敦煌山庄普通客房部建筑似长方形，外立面高16.4m；别墅区客房部建筑接近正方形，建筑围合外立面4.2m
2	建筑入口	入口矮小，部分规模较大的庄堡入口伸出主体墙外，备有城墩，上方可做砸孔，加强防御机能	围合院落的唯一出入口，为防风沙，院落入口以满足农用功能为宜	客房部为满足建筑客房的室内采光，有小部分开窗，建筑主入口增加城墩的结构，性质接近于庄堡，别墅区入口皆为建筑整体的反方向，但遵从了坐北朝南的最佳日照效果，形制接近于庄窠
3	细部装饰	建筑装饰主要为檐廊立面，多为木雕，建筑墀头部分会局部运用砖雕	外观质朴，唯有大门是装饰的重点。内部檐下的雕饰、窗格图案样式繁多	客房部建筑外立面运用特制配比喷浆，达到戈壁滩特有的肌理效果，别墅区建筑外立面为夯筑墙，内部皆为青砖，加木雕回廊

因此，这一传统的建筑围合形式，被成功运用于“敦煌建筑”的建筑群落中，夯土墙的版筑技术层面能够最低限度地达到能源截流的目的，成为朴素生态观的直接体现。

一、诗意的空间构造

在亚历山大所著的《建筑的永恒之道》中提到“……正如一朵花是不能制造，而只能从种子中产生一样”，“人们可以使用那些我称作模式的语言来形成他们的建筑，而且行之已久。模式的语言赋予每个使用者创造变化无穷的语句能力……”，“……所有建造行为都是由某种模式语言支配的，而世界上的模式之所以存在，根本原因，在于这些模式是由人们使用的模式语言创造的。”❶“敦煌山庄”的设计正是凸显了地域建筑的模式语言。

“敦煌山庄”被分成了若干组的建筑群（图 5-11），化零为整的建筑组群关系，在现有建筑形式上分为四类，一类是大堂、普通客房（300余间）、庭院、建筑回廊等的围合建筑体量；二类是承接大型餐饮、宴会、娱乐等的休闲场所；三类为别墅院落高端客房；四类为办公、洗涤、服务用房等。建筑组群的共同特点在于空间的围合关系，形成了“敦煌山庄”整体的多元化空间变化。“敦

❶（美）亚历山大．建筑的永恒之道[M]. 赵冰．北京：知识产权出版社，2002：2.

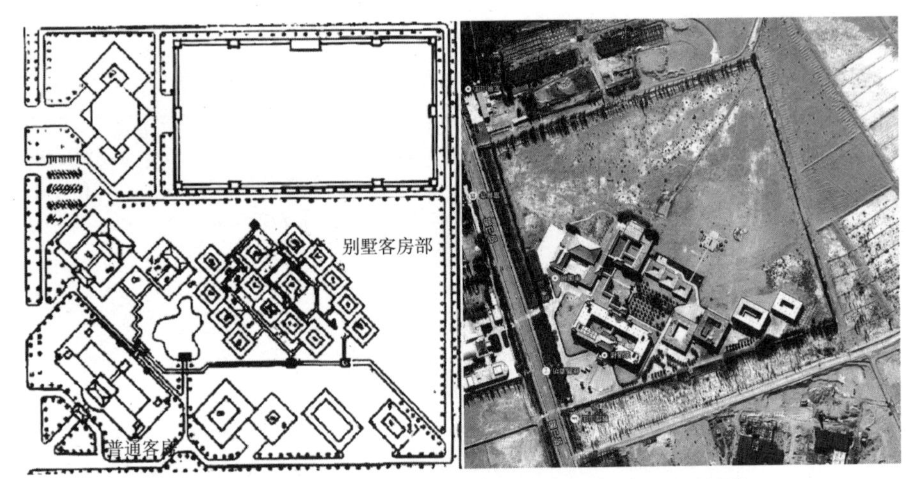

图 5–11　敦煌山庄总平面图与现状卫星图（资料来源：网络，google 地图）

图 5–12　甘肃雷台汉墓出土的釉陶明器坞堡（资料来源：《敦煌建筑研究》）

煌山庄”整体建筑群的诗意化表现，是地方模式化语言的逐层表意。在建筑层级划分的同时，赋予不同组群建筑使用功能，河西走廊地域建筑幻化出的现有空间模式，是地域建筑自发的语言范畴。

“敦煌山庄”普通客房部的建筑群，引入眼前的仍是具有传统意蕴的建筑对称形制[1]，现代建筑规划表现通常有静态秩序与动态秩序，显然“敦煌山庄”属于前者。高大敦厚的城楼赫然跃目，城角有角楼，城楼与角楼的建筑造型相比，更形似于甘肃雷台汉墓出土的釉陶明器坞堡（图 5–12、图 5–13），二者有异曲同工之妙，大型的坞堡同于村落的规模，较小的又如一进宅院的尺度，因此建筑规模的弹性较大，变化也可多样。

[1] 特殊之处在于建筑整体坐落于鸣沙路，建筑临街方位为东北方向，并未能按传统建筑坐北朝南布局，别墅客房部入口皆为西南面，尽量符合院落的最佳朝向。

图 5-13 敦煌山庄建筑外观一隅（资料来源：作者自摄）

“敦煌山庄”空间主体完全形成围合之势，客房分布于坞堡强大厚重的夯土墙中，前后建筑的捷径通过中间的二层连廊相通，其连廊不仅起到功能分流作用，也有渐行渐移的观景效用。围合院落与建筑内壁四处所开玄窗，皆为近似方形，开窗不同的内凹窄小进深尺度，组成形似壁龛，深陷内侧墙壁，行进中的视觉好像石窟寺的佛像壁龛（图 5-14），似乎每一扇窗都成就了灵魂的显现，充满了幻想。建筑角楼类似城堡角墩上的体量与比例，方正挺拔，建筑顶部冠以汉代建筑的四阿顶——九脊顶；正中的城楼及天台功能，主要为餐饮、娱乐的摘星楼，夏日旅游高峰季，摘星楼的室外自助空间，成为眺望鸣沙山最好的观景平台。前往摘星楼必须从三楼室外悬空的木质楼梯直达天台，而楼梯正对面为建筑内庭院，庭院以石为元素设近景，看似随意摆置却与建筑整体的外观喷浆融为一体，华灯初上时石灯幽幽青光，与敦煌这一颇具传奇沙海绿洲的空间，形成情绪上的写意；在这样诗意的空间过渡中，脚踩木梯直上天台，跃入眼帘的是远处的鸣沙山，壮观的沙脊线，在朝霞与落日的余晖中迎来送往中外游客，那一份惬意是沙漠中的三危山，所具有的独特魅力；同时，摘星楼

图 5-14　敦煌山庄客房部外景、局部角楼与玄窗（资料来源：作者自摄）

的天台便是整体建筑群的制高点，由此建筑群依次低矮，为观赏鸣沙山提供了最佳视觉点，代替了武威雷台汉墓明器中围合院落望楼的功能。“汉时明月今朝醉，风清云稀摘星楼”。敦煌山庄与沙、与月两相望的固守，是这诗意化空间与地域环境所提供的纯自然景观之美。

二、地域建筑的空间形态、地域软装空间材料与肌理、生态特征体现

1. 空间形态

“敦煌山庄”在建筑的外观上，良好地把握了城市与建筑之间的主次关系，建筑外立面采用敦煌传统建筑语言，不同的建筑功能在建筑形式上也赋予了不同的建筑体量感，墙体上下有收分，呈外斜内直，外墙底部厚约 0.8m，顶部最窄处为 0.34m，形似河西传统民居堡子的外在特征，如敦煌的锁阳城庇护所遗址（图 5–15）、嘉峪关野麻湾大队，现存明代修建的“野麻湾堡”南城墙城墩[1]（图 5–16）、武威的瑞安堡和秦家大院（图 5–17）、张掖市高台县义和村残破“南武城”的四段夯土城墙（图 5–18）[2]。“敦煌山庄”墙面保留着地域堡子的外形特征，墙面敦厚高耸，截面为梯形，室内空间不受建筑外墙收分

图 5–15　瓜州锁阳城庇护所（资料来源：作者自摄）

---

[1] 野麻湾堡遗址完全为黄土夯筑而成，现状城垣一半以上较完整，部分残缺。城堡呈东南宽，西北窄。周长 476m，现南墙大部残高仍有 9.9m，底厚 7.6m，上宽 3.8m。

[2] 距高台县义和村不远的 312 国道上远眺可见遗存的高大黄土夯筑的残存城垣，因残破，难见原貌。但由其夯土墙残留仍可见城墙规模。

图 5–16　酒泉野麻湾村堡西南城墩（资料来源：作者自摄）

图 5–17　武威秦家大院院落（资料来源：作者自摄）

图 5–18 张掖市高台县义和村南武城（资料来源：作者自摄）

的影响，依然平直方正，不同之处在于其功能与传统庄墙之间的关系，敦煌山庄建筑采用原有传统地域建筑的外在特征，功能赋予其内，将夯土庄墙的厚度加以利用，扩展为实际功能。而传统庄墙完全是实体夯筑，只有特殊情况下会在夹墙内做暗道，如瑞安堡有局部夹墙暗道。当然，将建筑外表皮加以利用，此种方式并非敦煌山庄独有，西安曲江的西安美术馆、太平洋电影院、音乐厅等几座建筑也是采用传统的高台建筑形式设计建筑表皮，而内部完全是现代设施；敦煌山庄的特殊性在于，其空间围合实际上采用了原有夯土墙，而不仅仅是建筑表皮与室内分离的两张皮关系；它在生态环境上还完全依附于传统的庄堡建筑功能。

根据敦煌山庄原有设计师所撰的文章[1]推断，敦煌山庄别墅客房完全采用传统庄窠的建筑元素。事实上，河西有一些庄堡在形制上与庄窠有一定的相似度，如武威古浪县上坝沟村一组，具有防御角墩的村堡（图 3–12）和武威民

[1] 哈静发表于《华中建筑》的《青海“庄窠”式传统民居的地域性特色探析》强调了庄窠地域建筑的设计因素影响。

勤中陶村五社的徐氏民居（图 3-11），以及河西沿途现存、形似于生土的地域建筑形态。而敦煌山庄别墅客房部的讨巧之处在于，将一个整体的庄窠形式归为一个单体设计元素，进行空间关系的叠加，形成错层的三个单元体，使其在外在形式上更富于现代建筑形态，同时与前院之间形成了轴线的均衡布局[1]，由于客房部别墅庄堡外围完整性的特点，更造就了神秘庭院的感受，入口在西南方向，与主轴入口相反，稍显怪异。分析有两方面原因，一方面，别墅客房部现状完成的是一期工程，只有三个单元，没有形成群落组合关系；另一方面，遵从风水坐南朝北的入户特点；再加之出户便是鸣沙山的风景线，各方面原因使入户偏离了院落的中心。院落内部沿袭当地民居做法，庭院内植葡萄架以便夏季遮阴，间或秋日硕果累累的收获心情，冬日观枝，苍老遒劲。每一个院落内部都有环绕通廊，使内部形成长方形封闭私密院落，每一院有客房七间，客房也采用了传统的“地域软装”空间陈设，百家布窗帘、床上用品，传统的家居陈设，搭衣架、顶箱柜、官帽椅等，在软装饰上更接近于地域化的表现（图 5-19）。

2. 地域软装空间材料与肌理

为在统一中增加层次与变化，设计墙体外立面建筑材料（图 5-20）时采用灰色砂石喷浆，与周边三危山环境融为一体，形成自然、和谐、统一的肌理质感。砂石喷浆配比的色彩效果，在阳光下其青灰色的砂石颗粒，正如戈壁滩上沉稳的色彩体系，尤其在“阳关”、“玉门关”等自然生态地貌中，更能深切地体会砂石喷浆的自然之态。在榆林窟的考察中，偶遇正在扩建维修崖壁外立面的施工配料展示，可想见此种做法并非“一家之言”，已在最初敦煌石窟修旧如旧的建筑石窟保护中，有了一些探究和适宜性做法，不同之处在于各施工方会根据所用材料来源进一步调整。如敦煌山庄与敦煌莫高窟、榆林窟、敦煌市博物馆（图 5-21）等有异曲同工之妙，但又不尽相同。

在山庄建筑群的灰空间庭院设计中，内庭院采用大大小小的卵石铺装，代替草坪与建筑散水自然相接，这样由立面到平面的色彩衔接自然协调，使建筑群互相组织起来不觉突兀，也满足了当地干旱、风沙与温差大，以及不便用自然水域做景的地域特点。少面积的绿化点缀增加空间的渗透层次，砂石铺地的景观做法更增添了敦煌地处沙漠地带的荒漠景观效果（图 5-22）。建筑群室内

[1] 延伸的建筑与主轴线之间的构成，使得轴线以外的部分构成外部空间，采用轴线的一端或两端向外伸展的构成手法，使得轴线的延伸与周围的环境发生关联。

图 5-19 别墅客房部院落及长廊与客房内部地域陈设（资料来源：作者自摄）

图 5–20　敦煌山庄建筑外立面（资料来源：作者自摄）

图 5–21　敦煌市博物馆建筑外立面（资料来源：作者自摄）

装饰地面采用当地的青石板，与地方色彩的搭配显示出一份质朴；顶棚材料选用当地传统民居常用的红柳条席面，大面积席编纹理铺天盖地传递着木色的温情，而墙面拉毛，并以白灰粉刷（图 5–23），在惶惑间渗透着当地传统的民风民情；部分庭院建筑的外墙，在材料配比上不同于主建筑群，运用干粘碎石和草泥，相比外围建筑大颗粒不加草泥的甩浆配比，更显细腻亲和，庭院内部的部分地面、屋顶，用当地烧制的青砖、青瓦和毛石，整体色彩协调统一（表 5–4）。

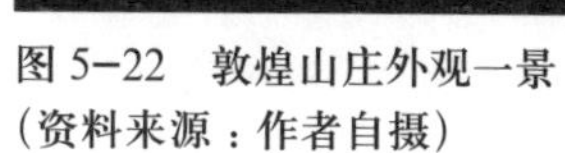

图 5–22　敦煌山庄外观一景
（资料来源：作者自摄）

图 5–23　敦煌山庄室内大堂
（资料来源：作者自摄）

敦煌山庄地域材料分布特点　　表 5–4

建筑部位	材料分布
建筑外立面	主体建筑喷浆干粘碎石，别墅客房部分用草泥抹面，形同夯筑
室内	白灰墙面拉毛，草泥和木线脚
顶面	顶部的柳枝编席
地面（室内）	当地烧制青砖、青瓦与毛石
地面（室外）	鹅卵石、沙、石

表 5–5 通过建筑用材和使用范畴横向对比，列出丝绸之路沿线——关中、河西、西域三处地域群落，其各有不同的地域建筑发展形态。其共性是现代建筑设计组合，运用现代的材料与当地地域传统工艺相结合，打造地域建筑的传承特色。不同点在于在实际运用中，各处设计都考虑地方建筑特色传承，总体倾向于范式推广。

地域建筑发展的横向对比 表 5-5

地区	保留特点	主材	应用范畴
井宇（蓝田）	保留单坡厦房、两进四合窄院、过厅檐廊	青砖、瓦、石、木	体验式建筑
敦煌山庄（敦煌）	庄堡特性的现代围合关系	土、石、砖、混凝土	酒店别墅
麻扎村（鄯善）	自由式的单体建筑组群	土、石、砖、混凝土	公共建筑、民居

3. 生态特征体现

敦煌地处河西走廊最西段，属于河西走廊和北山山地温带暖温带干旱气候区，特殊的地形地貌形成了特殊的生态环境，该地段年降水量自东向西依次递减，最少的是敦煌西部地区，只有 30mm，主要的自然生态环境为干旱内陆流域的脆弱生态系统。因此，敦煌山庄在建造之初是为解决防风沙，减少昼夜温差能耗问题作出对应策略。

“敦煌山庄”所处的位置是历史板块中的古河道，是东西方向的大风口，因此要求建筑的层级关系明确，不宜纵深加高；惯常采用种植植被的方法，解决防风抑沙的问题；同时，“敦煌山庄”建筑群技术所表现的地域化，在很大程度上弥补了高成本消耗，如“敦煌山庄”墙体保温隔热处理，外墙下宽上窄，依次收分，采用开小窗或尽量不开窗的做法，很好地阻隔了小环境风沙入侵，促进了室内保温和隔热的作用[1]；“敦煌山庄”对地域建筑最好的继承，便是厚重夯土墙围合的外墙设计方法，成功应对鸣沙山附近，沙漠化小气候的生态环境特征[2]，更多的季节只需机械送风，为现代中央空调、通风、采光技术提供了更合理的先决条件。尤其别墅客房部建筑体量的缩小和空间的交叠，减弱了庄窠单一建筑的呆板，使建筑的外部与内部空间都更具有亲和性的变化。

三、地域建筑文化表现

河西地域建筑经年累月的沉积，形成“敦煌山庄”如今所见之形态，在这如光随影的背后，是形式的暗示与寓意的结合，所有的指向性都是文化的支撑

[1] 张正康 .《一次西部建筑创作时间——敦煌山庄设计》建筑学报，1996（12）：21. 敦煌山庄经受住了 1996 年 5 月敦煌市百年不遇特大沙尘暴依然完好无损。沙暴时间长达 8h。

[2] 戚欢月 . 敦煌荒漠化地区建筑形态的再发展——荒漠地带人居环境积极化初探 [D]. 北京：清华大学建筑学硕士论文，2004. 鸣沙山附近地区夏季最高温可达 40℃，相反，在冬季寒冷时，夜晚的沙体降温又成为一个巨大的冷辐射源，周边建筑环境最低温度为 -30℃以下。

作用。建筑文化是建立在自然形式与审美基础上的表现，与人们的生活紧密相关，一种建筑不可能适应整个人类，正是有了建筑文化的传播载体，才生成了建筑文化观念。河西地域庄堡围合的建筑，与中国传统的家族制度不相分离，在前文的分析中也能看到西域建筑的自由开放性,在地缘上慢慢进入河西以后，呈现建筑礼制的表现特征，转换产生完全不同的地域变化。如果单纯是战争引起的空间围合防御性，又很难解释中国传统建筑统一的围合秩序。中国最早的城池“国”就是以围合概念形成，再者传统文化“君臣父子、三纲五常、仁义礼智信”等都是在国家范畴内的文化体现，是以“家”为基本单位展开的文化构架。因此，传统的围合营造已深入筑造文化，结合地方的生态环境便出现了河西建筑的自然属性；同时，院落生活又以工匠技艺、嫁女、商贸等不同行为方式被传播，产生出更富于地域情感的鲜明色彩。“敦煌山庄”的经营理念中，建筑文化以一种形式被感知，营造具有地方品牌效应的空间归属、地域认同、民俗民风的情感交流。实体内容体现如大厅内莫高窟壁画样式的天顶、高悬的大皮影宫灯绘有飞天图案的灯罩、富有敦煌文化韵味的巨幅壁画、青砖地面、木质楼梯，甚至用红色丝线系着一小块胡杨木的房间钥匙；客房内部席笆铺顶、百家布窗帘、富有民族特色图案的地毯、清一色木质本色的传统明式家具，以及具有地方特色的拼花棉制床罩，都充分体现着地方古朴而清新的地域文化[1]。

第三节　甘肃地区生土夯筑技术的应用与展现

几千年来，遍布世界各地的夯土技术被广泛使用于建筑的不同类型，从一般民居聚落乃至宫殿、寺庙皆有夯土营建的身影。长期以来，我国夯土技术停滞在传统的技术营造，对材料和建造技术缺乏系统的认知，并无量化指标的指导性专项研究，近年国内外对夯土技术进行了大量的实验性案例实施，一改往日我们对夯土建筑的认知，通常接触的夯土建筑立面表现单一，平面布局、通

[1] 敦煌山庄在室内地域软装空间设计创意上有一定的格局形式，就研究论证上而言，不能确定其内容是否是当地本土的装饰陈设表现，但其地域软装视觉化语言的空间打造却指定了地域软装发展某种特制的方向性。

风、采光因为夯土的特性被弱化，停留在早期低层、单调建筑模式对土质材料的运用，似乎难以逃脱灰暗、潮湿、简陋的民间聚落的形态中。

事实上，经历了千百年形成的传统夯土民居及其文化面临着变异与消亡，从侧面也反映出了夯土材料优势的不足，在优胜劣汰的大环境下，该种材料无疑自然渐渐淡出了人们优选的方式，在这种碰撞之下只有进一步进行材料的改良，使传统民居在地域、生态、适宜技术、就地取材等方面的优质特性能够适应当今城乡发展的形势，才有可能引导人们保持该材料的传统营造与运用。

夯土建筑的优点：

（1）结构性：夯土材料经改良后强度可达 4~5MPa，可用于建造多层建筑；

（2）热稳定性：具有较大的蓄热性，冬暖夏凉；

（3）舒适性：通过吸放中和湿度调节室内温度，泥土微量元素调节人体机能；

（4）环境的友好性：无虫蚁、结露，低污染，无建筑垃圾；

（5）技术条件：手工、机械等多种方式；

（6）可再生性：可回归原始土性，有利于自然资源的再生和循环利用；

（7）经济性：就地取材、经济便利、可塑性强。

国外生土建筑发展经验与国内生土技术的运用：

近些年，对生土材料性质的科学性研究及其建造的现代工程应用研究已逐渐成为欧美国家建筑界的热点。美国、澳大利亚、瑞士、德国、新西兰、巴西、墨西哥等一系列国家进行了不同层次夯土技术的研究，各个国家的发展水平也稍有不同，但其研究已具有一定规模，形成了一定的产业标准，有了行业规范操作的基础。比如法国已初步形成生土建筑产业链，并且在高等学院成立有生土材料的研究机构（法国格勒诺布尔国立高等建筑学院（ENSAG）的生土建筑研究中心（CRATerre）是这一领域研究的先驱和权威机构。成立于 1979 年）[1]，注重在资源、能源过度消耗的情况下转而关注可持续性建筑材料。法国自 1970 年代末发展生土建筑以来，在夯土技术上成为最先推行革新的国家之一，极大地影响了欧洲当代生土建筑的发展；继法国之后，瑞士通过不同阶段的发展，有对热学性质的专项研究，已处于能给出生土热物理性能指标的研究阶段；还有德国，重视生土建筑质量保证体系的制定与执行，开展了近 30 年

[1] 张雯，林挺．法国生土建筑的发展及其研究教育的现状 [J]. 建筑技艺，2013（2）：227-229.

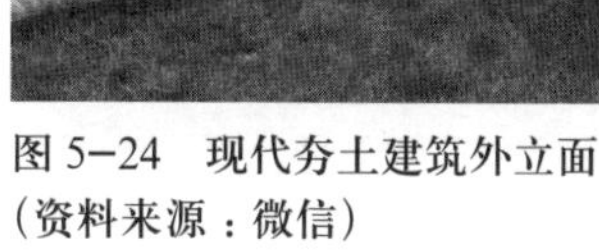

图 5-24　现代夯土建筑外立面
（资料来源：微信）

图 5-25　现代夯土建筑室内
（资料来源：微信）

的相关技术培训工作，评价生土体系的相对规范化极大地促进了德国生土建筑质量的提高；另外，新西兰和巴西分别出台了 NZs4297-4298 和 BS1377-4 等生土标准。由此看来，西方发达国家在生土夯筑方面的研究已经走在了前面，不仅仅是研究阶段，更多的实际推行案例也比比皆是（图 5-24~ 图 5-27）。

值得庆幸的是，甘肃本身也有了生土建筑夯筑技术的试验田[1]。2007 年由香港建筑师吴恩融、西安建筑科技大学教授穆钧设计建成的庆阳市毛寺生态实验小学，位于甘肃省庆阳市西峰区黄土高原偏远的毛寺村，当地生态环境及气候恶劣，资源贫乏。案例结合地形条件，使用地方材料，营造出了丰富、自然的室内外空间环境，并在自然通风采光，保温和粪便处理等方面独具匠心，用适用技术达到了节能和环保的要求。该方案自 2003~2007 年经历五年展开了实地调研与现状分析、模拟实验研究、设计与施工建造等三个阶段。其是以研究

---

[1] 甘肃庆阳虽然在地域范畴上超出了本次研究的河西范畴，但就丝绸之路的贯通线上，甘肃庆阳在地缘上属于同一范畴，因此就毛寺生态实验小学作为地域生土建筑发展作一研讨。

图 5-26　现代夯土建筑案例 1（资料来源：微信）

图 5-27　现代夯土建筑案例 2（资料来源：微信）

图 5–28 甘肃毛寺小学案例模型（资料来源：将尉提供）

自然生态为设计基础，展开的科学性地域建筑研究。该建筑遵循的基本建造原则是：舒适的室内环境、能耗与环境污染的最小化、造价低廉以及施工的简便和可操作性。顺应自然、因地制宜、兼顾生态美学成为生土建筑可持续性的标准（图 5–28~ 图 5–30）。该实验性建筑最大限度地以当地的土性材料为基础，以当地传统的建造方式进行改良，并且选用当地的能工善筑者参与现场施工，有利于传统经验的挖掘和推广，并且大大降低了造价成本的核算（包括材料、人工与设备），只有 422 港币 /m^2（教室的合同造价为每平方米 515 元，直接造价只有每平方米 378 元，均低于当地常规建筑）。[1] 毛寺小学地域范畴不属于河西走廊地段，而属于陇东南范畴，但其专项研究生土夯筑技术，且毗邻于河西地区，其夯筑建筑的启动对地域生土建筑提出了行业范例，有助于推动甘肃地区未来整体生土建筑进一步走向高效节能的发展轨道。当地工匠的营造参与使传统技艺和现代设计有效结合，使该建筑实践有了积极的社会意义，为城乡建设提供了一个范例，尤其国外生土建筑的发展不仅停留在乡舍的建筑模式，更倾向于多方面的建筑形态及空间营造，和夯土材料性能的改良，这些都有望为未来河西城镇的发展添砖加瓦。同时，2014 年 8 月，由住房和城乡建设部与香港无止桥慈善基金联合开发的“现代夯土绿色民居建造研究示范项目”，

[1] 吴恩融，穆钧 . 源于土地的建筑——毛寺生态实验小学 [J]. 广西城镇建设，2013（3）：57–60.

图 5-29　甘肃毛寺小学建造室内（资料来源：将尉提供）

图 5-30　甘肃毛寺小学建筑外立面夯筑（资料来源：将尉提供）

在甘肃省会宁也建设完工 7 栋抗震居住农宅，建成我国首个现代夯土抗震农宅示范村。主体土筑的房屋能达到 8.5 度的抗震设防烈度，在国内尚属首例。

这一系列的举措都说明国内生土夯筑技术的研究发展也在路上，目前需要更加规范的行业规则的制定，以及生土夯筑技术实际的运用和推广，以加强地方民众的普遍接受意识。河西走廊靠近陇南地域大部分区域土地相对肥沃——有“金张掖、银武威”之说，张掖古称甘州，西汉设郡，历来水草丰美，钟灵毓秀，而武威古称凉州，是“人烟朴地桑柘稠”的富饶之区，以其“通一线于广漠，控五郡之咽喉”的重要地理位置而闻名遐迩，被称之为“兵食恒足，战守多利”的“银武威”。因此,河西靠陇东有条件便利推行生土夯筑技术的发展，并且从前几章节的分析和实地调研来看，现存对生土建筑的运用和保留，也以武威和张掖较为集中，而河西西部接壤新疆和内蒙古，偏远落后且气候条件较差，经济相对贫困。而现今更多的夯土古城遗迹基本靠近西部地区，如嘉峪关野麻湾村堡、锁阳城遗址、悬泉置遗址、玉门关大小方盘城遗址等大体量的夯土遗迹壮观而震撼，耸立于茫茫戈壁，具有别样的建筑形态美。因此，河西整体地域是适合夯土技术推广与发展的地区，推行方式可以借鉴国外整体生土行业的发展模式，避害就利，结合河西自身的生态人文条件有序地培养行业跟进人才，以及生土建筑技术的量化出台[1]。

第四节　河西地域建筑的文化安全启示

通过河西生态地域建筑的表现和实际案例，充分说明河西走廊地方生态保护意识的存在，有助于进一步加强家园的认同感，珍惜河西走廊，保护丝绸之路中所具有的独特历史经验与文化遗产。当下人们之所以讨论传统，是因为太多的传统已淡出人们的视野，如汉服、唐装、泥人、年画、炕头狮、拴马桩等。生活中消失的那些琐碎点滴，使我们生活的历史经验显得支离破碎。在历史的传承过程中，充满了复杂的变化、融合和中断，一如占据丝绸之路重要地位的河西走廊，所存在的生土庄堡建筑。这种融合变化和中断的历史片面性，决定我们不可能回到纯粹传统中去，那么只有通过想象力和创造力去整合历史，在这样的前提下，丝绸之路的地域建筑遗迹就显得弥足珍贵，尤其庄堡黏土的本质是便于回归自然，致使其还能大量被保留残存之躯，有迹可循，更是

[1] 本文在于讨论河西人文生态地域建筑的走向，不具体扩展分析建筑的发展技术指标。

给我们打开了一扇生态地域建筑之门，生态文化安全启示成为地域建筑保护的必经之路。

当今环境的反思使生态得到普遍关注，而且日益成为关乎人类生存与发展的重大课题。因此，在反思社会思潮中，也要反思如何面对生态问题。首先，解析河西走廊生态对地域建筑的影响。土地环境系统的沙化、盐渍化、水土流失等不合理的水土资源利用，对人类的生存环境带来的危害和破坏，是最直接的表现形式。尤其河西走廊历代皆是大农业粮食基地,因此水土资源合理利用，以及土地沙化、盐渍化和水土流失的防范和治理，始终是区域经济建设和环境改善的主要任务。其次，以实际的“敦煌山庄”案例为典型，看到河西地域本土建筑材料，在空间关系中情感的释放，使我们能够认同河西走廊地域建筑的传统美，找到了河西地域建筑发展的层级关系，所有的建筑发展过程不会是由一种模式直接跨向另一种模式，而是在发展过程中层级递进，适应生态环境就存在，反之则淡出人们的视野。

一、河西生态安全现状

以敦煌山庄为案例解析的生态建筑格局与建构，为我们揭示了地域主义建筑所应该具备的文化安全启示，保持地域生态环境良性的承载力，尊重生态现代化理论的概念支撑（表 5–6）。

生态现代化的含义 表 5–6

首先	是一种环境社会学理论，提供环境改革的一种社会学解释
其次	是理解和分析技术密集的环境政策和生态转型的新范式
第三	是对发达国家 1980 年代以来环境和经济改革相关进步的真实反映
第四	生态现代化是一种社会变迁理论，描述环境意识引发的经济和社会转型过程，包括生产和消费模式、环境和经济政策，现代科技、政府管理和现代制度的生态转变等

全国各地的环境污染到了人人自危的地步，河西走廊更是由于各种历史原因，处于特殊地域和特殊的历史地位，越发显现了地域危机的紧迫性。欧洲生态现代化理论遵守“追求经济有效、社会公正和环境友好的发展”，这是被定格于经济与环境的双赢模式，在此所要推崇的是，经济的增长不应该采取以环境恶化为代价的新经济方式。

以上全面地对生态现代化的总体方向进行了探索，而对于传统生态观的地域建筑形态，已经从宏观概念走向相对的微观领域。吴良镛先生也多次指出，“研究中国的城市问题,必须考虑到中国的特殊性、各地区和各个城市的特殊性,探索和拟定各自的规律和不同模式,因势利导,探寻有地区特色的城市化模式”。因此，河西走廊生态与地域建筑的安全体系，一定是建立在原有生态地域基础上，才能把控河西生态环境承载力的发展。

区域承载力的科学研究，是河西生态发展的必经之路，现今承载力的研究也进入到相关领域，主要包括有土地资源、水资源、可持续发展能力及生态、综合承载力及相对资源承载力的研究方面。实际影响地域建筑发展的生态环节，主要包括水资源、土地资源、水和大气的环境容量、生态的脆弱度、生态的重要性等。相对的经济社会因素也起着一定的间接作用，如在材料的变化、建筑样式的融合中，也会对地域建筑产生一定的影响，显然前者影响着地域建筑的取向，在本章第二节的案例充分说明了建筑与地域生态环境之间的联系性。在生态与建筑之间不能逃避的是，绿洲系统“生态－生产－生活”之间的相互联系，地域建筑是生活体系“吃、住、行”重要的环节（图 5-31）。

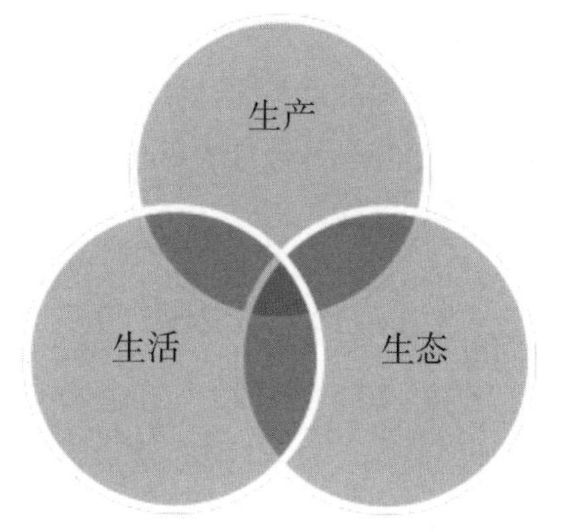

图 5-31　生态与生活、生产的关系

对于承载力的研究与认识，在宏观上是一致的，但对于细节的认识又略有不同，北京大学的吕斌教授认为，要讨论城市综合承载力，必须强调三个承载力[1]：

第一，基于粮食安全底线的土地承载力问题，是城镇化规模非常重要的约束条件；

第二，环境资源承载力，即生态或环境的安全格局问题，也对城镇化的模式包括规模和速度，构成一种约束条件；

第三，就业岗位的承载力，没有工业化的基础，就没有就业岗位的支持。

以上三点强调城镇化承载力的重要性。认识到城镇化，是地域性历史建筑退出历史舞台的主要导火索，很显然所有的讨论依然没能脱离“生活—生产—生态”的相关环节。在本章第一节中也强调了历史资源对地域建筑的影响，以

[1] 牛建宏 . 城市发展一定要重视综合承载能力 [J]. 中国建筑学报，2006（2）：9.

及第二节生态环境与建筑的联系的必要性，都充分说明了河西走廊地域建筑环境承载力的根本，在于生态—生产—生活之间合理化的存在关系。目前，国家计生委课题组将全国划分为人口限制区、人口疏散（收缩）区、人口稳定区、人口集聚区等四类人口发展功能区，其中西北干旱区大部分地区，被划入人口限制区或人口疏散区，从一定角度缓解了西北地区生态环境承载力的负担，却将地处西北干旱背景下的河西走廊城市带，划入人口稳定区。这一做法完全忽视了河西历来东部开发过甚，西部深受沙漠化影响的生态现状；同时，国家十一五规划纲要“根据资源环境承载能力、现有开发密度和发展潜力，统筹考虑未来我国人口分布、经济布局、国土利用和城镇化格局，将国土空间划分为优化开发、重点开发、限制开发和禁止开发四类主体功能区”。该纲要提出从一定程度上弥补河西被划入人口稳定区这一事实，但无疑河西走廊狭长而脆弱的生态环境平衡，空间区域需求的是更为合理的地域划分功能，以满足人居环境保护与发展模式。强调新中国成立后人口翻倍激增等多重原因下，河西生态安全格局的重要性，对生态环境的理解正是建立在“皮之不存，毛将焉附”，连接地域建筑的最直接的表现，便是什么样的建筑风格、形式、材料是适合于河西地域发展需求的。

二、生态现代化的地域启示

自然环境为我们提供了生命支持、物质和文化服务，人类在不断的进步中，伴随的是人口的不断增长和大量的物质需求。事实告诉我们：如果长此以往地对自然无尽索求，那么对自然环境的破坏将产生不可逆的退化过程，毕竟自然环境的承载力有限，使地域环境越发不堪人类的需求重负，从各项数据显示，河西的水文地理资源也在极限的边缘，承载着河西地域人口的需求。绿洲生态系统的环境容量是有一定限度的，日趋膨胀的人口负担及过度开垦、砍柴，超过了绿洲的生态承载额，使本区水资源利用方面的矛盾日趋尖锐，绿洲生态环境不堪重负，沙漠化的发生也就在所难免。

加强河西地域生态现代化是一个必然的大趋势，是现代化科技与自然环境的互利耦合，也是趋向于世界现代化的生态转型方式。

1980年代德国学者胡伯（Huber）提出了生态现代化理论，已经成为当下发达国家环境社会学的主要理论，生态现代化的目的，就是要求采用预防和创新原则，推动经济增长与环境退化脱钩，实现经济与环境的双赢。

生态现代化的四个方面[1] 表 5-7

1	生态响应	18 世纪以来，人口规模和人口密度的上升……人均耕地、草地和淡水资源的下降，人均森林资源和生物多样性在下降……
2	生态经济领域	物质生产效率和土地生产率在上升，物质经济的比例在下降……经济能源和资源密度从上升到下降……废物循环利用率在上升，自然资源消耗比例具有地域差异……
3	生态社会领域	18 世纪以来物质劳动力比例在下降……城市、农村安全饮用水和卫生设施普及率在上升……能源使用效率从下降到上升，环境风险具有地域差异等
4	生态现代	20 世纪以来，生态效率和生态结构在持续变化，生态制度和生态观念在持续变化，生态转型具有高度的不平衡性和不同步性……经济发展与人均自然资源的相关性不显著，自然资源的生产和消费模式具有品种和地域差异性

生态现代化，从本质上解决的是环境与经济的协调关系问题（表 5-7）。在宏观角度上包罗万象，涉及各个领域，从环境生态的保护角度，从技术上对地域建筑提出了更高层次的要求。河西走廊从一些生态现状数据分析和世界现代化的生态效应、生态现代化的标准来看，目前对于完善相关的职能，依然存在着很大的差距，经济发展与环境保护，是当下依靠资源发展区域面临的双重压力。强调环境承载力的生态现代化，在具体的实施过程中，针对河西的地域建筑与生态环境的联系，相对宏观自然状况是更为微观的一个层次，但是又与地域人口的生活息息相关，因此提出河西走廊生态环境与地域建筑的关系最终停留在生态安全启示的策略角度。要认识到生态现代化理论，是关于现代化与自然环境相互作用的一种理论[2]，即少数欧洲国家所追求的经济增长模式，要求经济与环境之间相互协调，建立经济增长脱钩于环境压力的方式。

河西走廊目前的现代化生态效应分析：

首先，生态响应领域，在第二章阐述了河西走廊生态环境在历史波浪式的推进中，人口的发展与农耕的变化，在两汉、隋唐、明清、近代的四次人口高峰期间，农业与牧业在交替中发展；水文地理的变化，使水土资源逐渐趋向于枯竭；人均资源能耗提高对土地的依赖性过高等不利因素，对河西的地域环境

[1] 中国现代化战略研究课题组，中国科学院现代化研究中心．中国现代化报告 2007[M]. 北京：北京大学出版社，2007：i.

[2] 中国现代化战略研究课题组，中国科学院现代化研究中心．中国现代化报告 2007[M]. 北京：北京大学出版社，2007：iii .

具有强烈的不可逆的破坏性。

其次，生态经济领域，随着科技的发展，劳动力向集约型发展，在解放的同时使土地生产率得到提升，这是无可辩驳的事实。就地域建筑来看，科技首先带来的是建筑材料的变化与革命，但是通过“敦煌山庄”的实例分析，发现并不是所有的新型材料都适合地域建筑的发展。针对河西走廊的地域气候以及地貌的发展，先进的建筑科技并不能完全取代地域性生态建筑的特点与优势。

再次，生态社会领域，对于微观的建筑业，建筑本身的生态可持续发展，并不与现代的建筑节能技术之间存有冲突，两者是相得益彰的互利过程。合理高效的建筑在能源效率上不断节能，城市空气污染程度，趋向于欧洲国家的水平，在转型的过程中趋向于下降，饮用水资源的节约体现在人均水平由上升转为下降。

最后，生态现代化中，生态效率与生态产业结构的合理配置，必须持之以恒地贯彻生态观念。各地方区域的生态转型也根据各地的特殊性需要特殊对待，不能以一刀切的方式全盘改进，使生态变化反而欲速则不达。

三、河西地域建筑生态安全格局

河西走廊地区，合理化执行地域功能空间分区的同时，应该将保护与可持续发展包含其中，研究表明，目前国内外普遍采取生态化空间管理模式，国内虽然展开了相关领域的研究，并且国家发改委在试推优化开发区、重点开发区、限制开发区和禁止开发区等四类主体功能区，但目前还没有出台最终方案[1]。

目前，河西走廊试推行的正是“丝绸之路文化线路”这一新的模式，及相应的行动准则，将历史文化资源保护纳入其中。其特点是对整体资源的把控，不再是分点式区域开发，目的在于形成丝绸之路的线性开发，以有利于平衡资源，使河西走廊文化资源平行发展，将点贯穿成面，从而强调文化遗产的线性动态分布，及其自然文化景观的整体性、连续性的保护理念。注重展开自然和文化线路的保护结合；强调历史时期，人类迁移与交流的路线；推进文化与生态保护、地域发展、旅游开发等多角度的合作性发展。其目的是形成地域建筑与历史文化的重叠，使地域建筑的特色化充分表现。城镇化的千篇一律，影响

---

[1] 李志刚 . 河西走廊人居环境保护与发展模式研究 [M]. 北京：中国建筑工业出版社，2010：39.

了地域文化的特色表现，河西走廊上、中、下游众多的历史遗迹分布，可以形成河西特色文化的线性发展模式。

历史的线性文化必定是文化、经济、政治互为交融的结果，正如我们在前几章中所述，坞堡的传统建筑形式，也是在关中与西域建筑双向的互为递增中，形成了现有模式，只有依凭地域建筑所需资源条件，才能存在继续发展的可能性。现代的建筑科技、方式，在一定程度上可以协调、弥补原有坞堡形式上的不足，但是作为地域建筑文化，不是一栋单体建筑，或者类似于敦煌山庄的建筑群，而是更为广泛的建筑文化保护理念范式的推崇。

庄堡地域建筑形式的消失与废弃，在前文中我们已作了讨论。面对现代建筑，又发现了其存在的合理性，也进行了建筑形态的分析。如果从地域建筑发扬与传承的角度讲，最基础的原始素材是存在的根本，首要的是土地资源的需求，一是占地，二是"土"质的需求。因此，在众多的研究中，笔者比较赞同周干峙等对河西所提出的建议[1]，认为西北地区发展要生态环境优先，控制不宜发展地区，严格限定内陆河流域等地区的城镇发展；在区域规划中，应划出生态保护区，规定为不考虑开发建设地区，包括要保护的山地植被、荒漠化地区生态和地下水资源枯竭地区。

显然，在强调生态安全格局的同时，不能忽视对现代建筑科技材料的需求，现代建筑的低廉成本，便捷物流、集成化作业形式的渗入，以及以生态为根本的地域建筑色彩体系和建筑防风防沙的适宜性等方面，都值得进行深层次的展开探讨；同时，注重地域建筑特色，将生态环境作为一体来统筹考虑；注重线性文化的输出，其也属于地域建筑文化输出的层面，从而考虑地域性建筑的全面设计语言，而不仅仅是定格于所有不同地域进行单一"整齐"规划的设计模式。[2]

---

[1] 周干峙，邵益生．西北地区水资源配置生态环境建设和可持续发展战略研究（城镇卷）[M]. 北京：科学出版社，2004：31.

[2] 在这样的分析中显然排除了一刀切的某种统一概念，正如采访的甘肃冶金设计院的设计师，他直言在新农村规划中，最初被称之为"别墅新农村"的方式在地方的推行中确实存在与当地人们生活方式不符的特点，如保暖、农耕生活等，在此不作展开讨论，但是值得深思的是当下推动的全国新农村统一概念模式是否符合于生态安全启示的推行需求。

第六章 河西走廊地域建筑与艺术审美

中国建筑经历了大屋顶民族形式、中而新与新而中的理论纠葛后，在时代的背景下建筑理论渐趋于理性的发展模式，理论研究上也不断提出新的思路与方法（表6-1）。[1]

我国探索式本土建筑理论 表6-1

1	吴良镛的“广义建筑学”	将建筑、自然、人与城市设计作为整体框架，四维立体化讨论中国地域建筑的思考
2	王晓东的“群衍论”	总结建筑“群衍论”的规律，指出单体建筑与组群之间的有机关系
3	布正伟的“自在生成理论”	强调开拓透视本土、自立东方、应机而生、随缘而成的创作方式
4	程泰宁的“立足此时、立足此地、立足自己”	目的是要立足于中国特定的精神环境和物质环境创作建筑等中国本土建筑理论

部分建筑师对地域建筑的思考

1	邹德侬	“以特定地方的特定自然因素为主，辅以特定人文因素为特色的建筑作品”、“回应当地的地形、地貌和气候等自然条件；运用当地的地方性材料、能源和建造技术；吸收包括当地建筑形式在内的建筑文化成就”
2	南舜薰	“重视某些地段的特殊因素，如地理、气候、生态资源、生活方式、社会结构、礼仪习俗、思想信念、价值观念、符号意义和语意系统”
3	王小东	“地域建筑是一种泛文化现象，即特定地域中空间的构成与该地域中自然、历史、人文、原型空间密切地渗透在一起，是谓地域建筑”
4	何镜堂	“建筑的地域性，从广义来讲，首先受地理气候、区域的影响……从狭义来讲，是指建筑地段的地形条件和周围环境，这是具体影响和制约建筑空间和平剖面设计的重要因素，建筑师如能充分尊重和利用地段的大环境和具体地形、地质条件，结合功能，整合、优选、融会、贯通，就有可能创造出有个性和地域特色的优秀建筑作品”
5	张燕来	“地域性不仅仅是建筑外部或内部空间的实体内容，它也包括由地域的人，在建筑内外活动中而创造的同样具有地域价值的‘活动空间’”
6	曾坚	“广义地域性建筑从出现的时间上来看，它是伴随现代建筑出现而逐渐形成，并随着现代主义被批判而成长壮大的。广义地域性建筑的出现，是现代社会的条件下，出现地域界线模糊化、生活方式演变，以及哲学文化观念变化等综合作用的结果；同时它也是应对全球化环境下文化趋同的一种必然趋势”

[1] 闫波．中国建筑师与地域创作研究[D]．重庆大学博士论文，2011.

以上探索的本土建筑理论，是对我国建筑设计在当今普世化的世界背景下何去何从的方法论研究，也是建筑地域性的思考。我国建筑界，在经历了后现代中国建筑探索民族形式及民族建筑的过程中，呈现为多元化的思索。这些思考无一不与地域生态环境相结合，当下生态美学观的提出，是建立在地域化生态环境的基础之上的。事实上，当下以“批判性地域主义”为主流的设计动向影响着世界各地的地域建筑文化发展，这是因为批判性地域主义概念的提出，正是针对当下普世化建筑思潮设计行为的反思，也是地域建筑存在与发展的前提，因此讨论河西走廊地域建筑走向时，势必不能绕开这样的一个大的背景主体，同时有必要借此展开讨论河西走廊地域建筑的艺术审美依据。

第一节　地域主义概念与河西走廊生态建筑的结合

批判性地域主义，是介于后现代主义追溯历史与文化时肤浅的设计文化表露，后现代主义与现代主义所贯彻的是一种程式化的、简约的、归纳的原则，而这恰是1970年代以来，提出批判地域主义的直接原因。针对此概念，结合当下西北地区的生态建筑现状，有必要认真解读地域主义的概念，河西走廊与地域主义概念之间的相关性，以及如何运用批判性地域主义，来发展河西走廊的地域生态建筑，推论出河西走廊生态建筑审美的标准，探索地域传统文化意匠与传承在设计领域的现实意义，延展至西北建筑文化的地域乡土观，从而在此基础上，确立河西走廊地域建筑自身的生态审美依据。

一、地域主义的再认识

强调地域主义理论概念对河西地域主义的指导意义，不能抛开批判性地域主义的认知和解读。源自于芒福德思想的批判性地域主义，经1980年代楚尼斯和勒费夫尔的再阐释，到1990年代弗兰姆普敦时期发展到了高潮。对概念性的认知需要作简要介绍，首先将宽泛的地域主义概念引入建筑领域，“地域主义”在概念定义中并不是建筑领域特有的专有名词，而是利用这一术语更加精确和直观地解析建筑领域的某些现象。荷兰学者亚历山大·楚尼斯的“批判的地域主义”学说，在解释其定义时前缀了康德哲学中的“Critical”，即“批判性的”，以区别于普遍意义上的“地域主义”。[1]

1. 相关研究中关于批判性地域主义理论的节点性分析

（1）1950 年代，美国评论家刘易斯 · 芒福德对喧嚣一时的国际主义形式建筑，发出质疑并提出了地域建筑形式论，主要强调运用地方材料与环境结合进行创作。国内已由中国建筑工业出版社出版的译著有刘易斯 · 芒福德所著的《城市文化》、《技术与文明》、《刘易斯 · 芒福德著作精粹》等。书录主要是针对 20 世纪发达国家在城市文明推进过程中所出现的社会问题，他以批判的眼光强调了城市文化下的建筑及环境危机，从多角度来分析环境危机形成的设计思想意识形态，认识到协调人与现实生活之间的关系及重要作用；并且书录中强调欧洲中世纪所遗留的建筑，以及分析城市的有机形成，来影射自然形态建筑自身有机的规律性；他的批评思想为现代建筑向纵深方向的延展，提供了一定的设计思路。

（2）荷兰学者亚历山大 · 楚尼斯的“批判的地域主义”学说，在国内的介绍主要来自于译著《批判性地域主义——全球化世界中的建筑及其特性》一书，其概念的提出是在后现代主义思潮占绝对优势时期，介于后现代主义追溯历史与文化肤浅的设计文化表露，后现代主义同与现代主义所贯彻的是一种程式化的、简约的、归纳的原则，放弃了对地理、社会、文化的阐释。这也正是批判性地域主义这个概念提出的原因。批判性地域主义的任务，是通过“地域”性的文化概念对建筑设计进行自我反思和反省。那种普遍主义自我的陶醉，不可能替代现实中人与生态系统之间的那种微妙、繁复、和谐的人类自然社会。对他所阐述的内容的理解，应建立在对地域性文化的认知上，事物的渐进不能脱离于母题的转换，而是在内部的冲撞中生发。批判性地域主义，其独特的视角就在于敢于审视自身。

（3）美国学者肯尼思·弗兰姆普敦所著的《现代建筑——一部批判的历史》第四章站在地域性的视角上，大量分析了欧、美，以及亚洲部分国家的前沿性设计案例，运用大量篇幅分析和总结了实践性案例中，地域文化在设计运用中的方式与方法，强调地域文脉在设计中的重要性；并且总结性地认为，批判的地域主义并不是一种风格，而更属于一种倾向于某种特征（态度）的类别，是边缘性的实践；虽然对现代化持有批判态度，但仍拒绝放弃现代建筑的解放与

[1]（荷）亚历山大 · 楚尼斯，利亚纳 · 勒费夫尔 . 批判性地域主义——全球化世界中的建筑及其特性 [M]. 王丙辰 . 北京：中国建筑工业出版社，2007.

进步；强调“场所”的领域感；对地形、光线、气候等因素的有效利用；触觉与视觉的同级性；反对乡土情感的模仿，注重乡土因素的再阐释；是普世文明间隙中的繁荣。[1]肯尼思・弗兰姆普敦的理论是由实践案例的分析所得，其由浅至深性的总结，更接近于实际设计中的操作运行方式，很好地梳理了近代地域性文化设计的前沿性思想，值得深入剖析其中个案的设计原理。

（4）吴良镛先生为荷兰学者亚历山大·楚尼斯、利亚纳·勒费夫尔所著的《批判性地域主义——全球化世界中的建筑及其特性》写了中文版序，强调创新在于是否以批判精神和创新精神对待传统与发展。吴良镛认为“批判性地域主义”其实质在于它既精辟地关注地域建筑的文化内涵，又能高瞻远瞩地发扬时代批判与创造精神。吴先生的序言完全出于对我国现阶段状态的考虑，再一次明确了批判性地域主义思想的积极意义。批判性地域主义设计反思与自省的态度，为设计向良性的循环与发展作了导向，吴先生强调，在国内无论从理论上还是实践上都有必要推进该理论的实质性发展，而不仅仅是停留于理论概念的定义。

（5）由沈克宁 2004 年研究所撰写的批判的地域主义一文，从直面的角度分析与介绍了什么是批判性地域主义，定义了批判主义的辩证思维的研究范畴，解读了批判地域主义的风格所限定的框架，肯定了批判性地域主义理论，强调了“批判性”具有反思和自我批判的进步意义，是国内较早研究批判性地域主义研究的一篇论文。之后国内几乎所有与批判性地域主义相关的论文都以该文为参考文献，该理论的解读为国内相关领域的研究开辟了先河，表明自己的态度与立场，从客观角度分析了批判性地域主义所担当的时代角色。查找大量该作者的其他文献资料，未再有缜密的相关理论的实践延伸研究。

（6）2012 年的《世界建筑》中刊登了“对‘抵抗’的抵抗——埃格纳之批判的地区主义批判”一文，作者主要通过美国的评论家埃格纳之口，简要介绍了批判性地域主义理论思想的源头、矛盾和背景，由此转入到批判的地区主义思想，对建筑话语影响的分析。整体论述了批判性地域主义理论在赞誉与争议中、渐行渐远中所处的实际状态，认为批判性地域主义，不过是边缘对中心及其规范的偏离和变形而已，是来自于欧美国家对亚、非、拉、丁等发展中国家或本国欠发达地区建筑的地域性评论的评论。这是一种立场的反省，在看到相关解析时意识到，我们实际上更需要具有本地域文化的建筑师参与到具体的

[1] 肯尼思・弗兰姆普敦．现代建筑——一部批判的历史 [M]. 张钦楠．北京：生活・读书・新知三联书店，2004.

理论研究中去，相对客观地引导理论的本土化，而不仅仅是空泛的学术之噱头。具有讽刺意义的是这种反省本身也符合“批判”本身的积极意义。

2. 为什么需要批判性地域主义

研究地域性的相关理论，在于从理论中看出历史建筑的发展脉络，纵然国外的地域性理论研究不能完全适用于当下的国内发展，但在梳理中必然有意识形态边缘化的共性存在，研读批判性地域主义的目的，是为解析处于工业社会时代背景下的本土建筑。近年来，我国实验性建筑、景观和装置，在国际学术行业交流以及国内先锋设计团队的诸多设计活动中，也在言说“立足本土，关注古今变化”地域主义的文化传承。但整体来看，我国大部分中心城市和地区都已进入后工业化信息时代，而村镇基于前现代或处于工业化改造阶段，产生不同的形态交织与并融，出现了社会文化分布的不平衡，在经过农耕、工业化、后现代信息文明的今天，世界范围正面临现代与传统、外来文化与本土文化的冲撞与融合；城市设计现状、地域发展情况与发达国家20世纪的工业城市化面貌有很多吻合点，但不同之处在于出现了本土传统设计文化与外来设计文化、现代设计文化与后现代设计文化并存的格局。在现代格局的平衡关键点中，更要寻求适宜发展的健康因素，以求得城市文化长足的整体进步的健康型发展。而反思本土建筑文化的建构，应致力于“有机场所”的营造，从全球视野来剖析地域建筑与现代建筑的关系，以及地域建筑的传统与革新问题。

从广义与狭义角度，理解地域文化研究的重要性。

从广义角度而言，在人类进化的今天，科技伴随着人类的文明，在机械化这架巨型的运转机器前，逐渐呈现出文明和人性的异化趋势，文明的异化使得我们当下亟需解决的是生态环境问题，城市环境的恶化已经成了众人的眼疾，生存于此，逃离于此，已经像难兄难弟一样被坚实地捆绑在一起。雾霾成为城市环境污染中人类的首要问题；面对复杂的社会、城市环境，要求我们检视包括城市、建筑、教育、文学、绘画等各种文化机构——那么建筑“器官”在城市化的脚步中是否也呈现出了异化和畸变的导向？则需要研究我国建筑环境危机形成的设计思想意识形态，认识与协调人与现实生活之间的关系及其作用，以“感到安适自在”的适宜人的自由活动与交往为目的的健康设计为启示，强调注重本土建筑的活力，对地域性的相关研究也成为重中之重。

从狭义角度而言，如同洪水猛兽般的城镇化，其所伴随而生的正是环境严重污染等一系列城市文明的诟病，在城市模式的发展中，我们更寄希望于城市良性的增长循环。那么追求健康的、人性的设计有机模式，对于乡土建筑及乡土景观理论概念的引入也是必然的问题，已成为20世纪末建筑界的焦点。1998年，吴良镛先生与新加坡建筑师林少伟先生，协同在清华大学举办了"当代乡土建筑"的国际会议，提出了"现代建筑地域化"与"乡土建筑现代化"理论命题，虽然并未提供切实可行的具体操作方式，但其观点也是当下国内地域主义研究的重要理论之一。袁枚在"国内当代乡土与地区建筑理论研究现状及评述"一文中评价，吴良镛的地域理论命题"试图将地区性上升到一种建筑的基本属性而不只是传统建筑具有的独特属性，并将之归结到整体建筑文化和时代发展的层面，其意义就在于赋予了地区性和地区建筑推动现代主流建筑文化发展的重任，为中国建筑文化的发展提出了一种重要的可能性。"现实主义具有的现实性，适用于表达乡土所属的自然环境，及其乡土独特性的探究。所要明确的是，城市文化的回溯不等于"复古"，正如欧洲的文艺复兴并不要求回到希腊、罗马时代，时尚界的复古风潮也并不是要求现代人穿古装一样。中国的城市文化也不是要完全回到过去的概念，应注重"场所"的营造，"现代情感形象化施加——熟悉的场所"的本质，是对于地方性在社会、人文及地理意义上的再阐释，是地域主义作为历史现象演进具有积极意义的一面。

这是我国整体现状的真实写照，河西走廊沿线绿洲城镇的发展，也毫不例外地处于这样的时代背景之下，因此，批判性地域主义也应适用于河西走廊地域建筑的文化反思。通过以上对现状的思考,可认识到河西走廊在历史进程中，作为一个地域环境区位，在现实的实践中不能照搬传统，甚至伪造传统，在设计形态上要与所谓的"原汁原味"或"原生态"这一概念划分清楚。日本建筑师丹下健三如是说："我难以接受那种彻底的地域主义，传统应在对其自身缺陷的挑战中得到发展，地域主义亦是如此"。在当代建筑中，新乡土建筑可以看作是现代性与传统性的统一体。建筑的乡土性有它自身的历史性特征，承认传统与现代的科技结合是历史的需要。1950年代斯里兰卡建筑师德·席尔瓦说："我并不赞同拷贝某种有着悠久历史的传统的建筑形式，我相信建筑师以一种'活的'方式来满足我们'活的'需要——我们的设计中要用最适合现代生活的方式，同时也要采用传统建筑中那些有据可依的、健康的和基本的原则，康提式屋顶的时代已经一去不复返，因为它所处的封建时代已经不复存在"[1]。

---

[1]（荷）亚历山大·楚尼斯，利亚纳·勒费夫尔.批判性地域主义——全球化世界中的建筑及其特性[M].王丙辰.北京：中国建筑工业出版社，2007.

批判性地域主义理论为河西地域建筑的发展指明了方向，当下河西地域建筑发展应与生态环境相结合，使之具有场所归属感的现代地域建筑特质，传承和发扬地域建筑文化特征。

二、河西走廊的地域建筑如何成就持有批判性的地域主义

批判性地域主义，并不是说地域的就是批判的，地域主义是相对于城市文明、建筑文化失落而提出的相对概念，应理清现代与历史之间的时间概念，站在时代的角度去认知传统文化；地域主义本身就是地方特色的代名词，在此主要强调地域文化的有机状态，传统民居聚落性群体活动单元的生活方式决定了地域范围，是共性与个性的共同存在，是共性与个性的互为消长关系，建筑的存在与区域性相对应，形成了区域的实际载体，在属性上存在因果关系。

有过一定生活阅历的人，都会遇到过自己所熟悉的地方和环境不复存在的现实，对以往空间情感的追忆充分说明了“场所”存在的生命和可延续性。批评本身特定的自我批评性成为这种延续性的代言词，当叠加在一起反思与进步的积极意义便有所呈现。这是现代人对文明失落的抵抗，是对文化、政治、种族失落现象有意识的识别。近年来，中国传统建筑艺术与技术，在当代的城市建筑与景观设计中“新生”的设计表现形式，发展态势逐年呈现高热，并行而来的是原生态民居文化的逐渐消亡，在焦虑、担忧民居文化消失的同时，我们也关注到城市化建设中，建筑、景观乡土人文气息在业界扩大的态势。在此值得深思的是：原生态是完全的消亡，还是传统与现代嫁接后的“后地域主义”、“后传统”时代的到来。

在第五章通过对“敦煌山庄”地域生态建筑实际案例的详细分析，我们看到历史建筑经过时间的考验，寻找在未来社会发展中所扮演的角色，以及现有历史性地域建筑为现代设计所提供的价值;个人认为在历史建筑的有机进化中，其无生命的表征随着社会各个方面的渗透，以渐进的方式被改变，地方性历史建筑在信息变通的格局下，形式日渐统一化。但在普世化中，越来越多的先锋设计者关注到了建筑的有机生命，意识到地方性历史建筑需要自身的蜕变，而不是从传统建筑到现代建筑的完全转换，如果是无根系的繁茂注定只能是昙花一现。《id+c 室内设计与装修》杂志曾采访王澍，问到关于设计中国美术学院国际画廊（1991 年）的出发点时，王澍说设计灵感来自于不断解读皖南民居，王澍后来取得普利茨克的大奖也在于不断地驾驭传统文化。王澍的设计的所思

所感是地域民居与现代建筑的良性结合。沈克宁在撰写“批判的地域主义”一文时强调了批判的地域主义不是乡土建筑，而是一种后卫性的建筑策略，借以表述该理论是：“有赖于一种强烈的对自主性认同的追求，一种强烈的对个性的认同，一种对文化、伦理和政治独立的渴望……建筑本身的有机性必然要与那种不现实的、被动且试图回归到前工业时期营建形式的态度保持距离”[1]。我认为王澍所表现的也是精神场所的认同感，批判性地域主义的场所营造是传统延续的表现，而完全抛弃传统场所精神的、纯粹的现代性将被推上割裂传统的角色，实际上大众所需的是传统与现代的良性结合，是“直进式”与“迂回式”的表现，直进是符号特征的渐变，风格的演化，迂回是传统文化特质的表现，是可以捕捉的场所认同感。显然，当下传统建筑形态——直进式已被世界的大门所融合与割裂，只有传统建筑在迂回中存在发展的必然性。19世纪，英国建筑师吉尔伯特·斯科特在历史建筑的修复工作中强调，应保护各阶段不规则的形式和风格，让历史建筑体现出生长与变化的特点[2]。其保护的态度让我们警醒，在不同的时间、不同的阶段允许有新生事物的发展，甚至是难以阻挡的历史前行，但始终遵从于自身的有机性，决然不能是割裂的态度。批判性地域主义建筑的意识形态，在地方性结合过程中必然产生自身的审美标准与体系，通过河西走廊建筑当今的生发，能看到探索式的地域建筑面貌与形态，敦煌山庄是一偶然性的成功案例，需要更多类似建筑的推进与研究，值得庆幸的是建筑师身上这种印迹逐渐被印证，传统的文脉似乎又在若有若无中显现。本土设计师创作进行的自觉创新是批判地域主义与适度现代性理论的结合，不再陷入简单形式模仿的误区，同时也在逐渐规避，不仅是停留于乡土元素的符号式拼贴，而是真正进入到如何更好地利用地方材料，如何采用新的技术与地方生态环境相结合，创造具有地方人文的地域主义建筑。

对丝绸之路河西走廊段深层次的挖掘，强调批判性地域主义在河西的生发意义，其目的是以丝绸之路河西走廊段为特殊案例，作为地域建筑研究的基础，以河西走廊的文化包容和国际意义，来研究西北地域建筑的发展及未来趋势，着眼于西北近年发展的传统建筑，是在怎样的文化语境中再生与发展的，因为全球化无论如何趋同，终究是不同文化间的相融。不同的城市文化思想理论引导下，将会形成和发展出不同的设计艺术形态。尊重和保护文化的多样性，是

---

[1] 沈克宁．批判的地域主义[J]. 建筑师，2004（5）.

[2] 朱晓明．当代英国建筑遗产保护[M]. 上海：同济大学出版社，2007.

以农耕文明为基石的华夏民族文化,面对世界生态文明潮流的自我修复与回归。强调通过地域文化的本土设计如何外化于城市，同时又多渠道反作用于城市文化，这才是河西地域建筑依托批判性地域主义的真正意义。

依据当下国际上相对成熟的批判性地域主义理论，河西走廊地区应认知河西建立自身地域审美观的必要性和重要性，从而有助于建立河西自我的生态意识，推论出河西地域建筑艺术协调性存在的基础，最终达成建立在生态基础之上的地域归属感与建筑艺术的协调一致。

第二节　河西地域建筑生态美学的艺术审美

建立在生态地域文化基础上的生态美学建筑审美观，首先要从概念上梳理清楚什么是生态美学？生态美学的研究对象是谁？当下在学术界存在着不同的研究观点，有学者认为生态美学是研究人与自然之间生态关系的学科，也有学者认为生态美学是自然美的范畴，并且属于传统美学研究的领域，还有学者认为生态美学是从审美的视角研究生态问题的学科。“关于生态美学研究对象和研究方法的思考”一文强调了生态美学研究立足于生态美学是对人类生态审美观念反思的理论[1]，认为生态美学以人的生态审美观念为研究对象，目的在于反思传统的审美观念，确立新的生态审美观。在本文中强调的生态美学研究，是基于传统地域建筑的人居生存方式，是以研究传统文化为核心的生态美学，因此不是反思传统的生态文化，而是研究和发现传统地域建筑生态之美。可以是居住行为方式、建筑外在肌理表现、抑或是建筑色彩本土化呈现，甚至是地域建筑装饰细节等，这些琐碎内容凸显的是民族文化范式，站在生态角度谈论地域建筑，立足于“本土、自然、社会、人”，才是更为客观的地域建筑文化推动力量。因此，生态美学反思的美学理念，是与批判性地域主义建筑理论相吻合的，符合河西生态地域建筑生态审美观建立的理论基础。本文的研讨意义在于从传统的生态地域建筑中，管窥当下建筑发展的有利因素。

[1] 张伟 . 关于生态美学研究对象和研究方法的思考 [J]. 江汉大学学报（人文科学版），2006（1）: 32.

图 6–1 德国海德堡老城色彩气息（资料来源：作者自摄）

因此，本章节设定通过分析河西地域建筑环境色彩、建筑装饰特点、建筑传统风水观，以及建筑特性表现等，宏观剖析河西地域建筑，自成一体的地域风格和地域特点，其目的在于，还原河西人居生活方式的本真。存在即是合理，最终建立河西自身的生态美学审美依据。

1. 河西传统地域建筑环境色彩系统

自然地域环境的色彩是大自然赋予的原生之美，作为自然人参与城市的色彩变化活动，要本着以“传承地域文化”、“表达地域个性特征”、“展示现代城市形象”、“规划城市未来发展方向”为着力点，建筑的存在与环境之间除功能的限制之外，应该具有更多独特的建筑色彩倾向。笔者曾经走访过德国的海德堡老城[1]，海德堡不仅有着引以为荣的中世纪城堡，同时老城也十分现代化，但街道、小巷和主要建筑都保留了原来的古朴风格。海德堡存于青山绿水之间，石桥、古堡、白墙红瓦的老城建筑充满浪漫和迷人的色彩（图 6–1），可见色彩对地域空间形态的提升作用。环境色彩具有情感和城市的识别导向功能，城市的视知觉传递着视觉物象的心理作用，通过色彩的冷暖、中性色等来感知物体对象的远近、体量的大小，材质的软硬、华丽与质朴，甚或空间的静态与动态等心理效应。因此，在对城镇色彩的规划中，首先要明确城镇中各区域、街道和建筑物、城市广告和公共设施等一系列基础色彩的取样、调查、记录，对

[1] 海德堡老城在内卡河南岸傍河而建，为长条形。

城市重点区域、街区、历史文化名迹、代表建筑作标记，以及地域景观的四季变化、城市的色彩变化等，以便取得现有城市自然色彩，城市的基础色彩是未来城市发展色彩的参考依据。在综合的基础上，才能产生城市的色彩协调。因此，在改造城镇色彩、抑或定位城镇的色彩发展，需要将建筑物按照各类功能类型与区域划分进行色彩配色类型设计，包括对建筑物基色调、辅色调、基底色、强调色与屋顶色的配色设计，以及城镇公共设施相对合理的色彩设计范围的建议。这是城镇化发展色彩定位的基本手段。基于此，河西走廊需要提出自身的色彩系统，以便在城镇规划中恪守地域的基础色和共识的民俗色，以此为参考，遵循国际通用蒙赛尔色彩标准体系，制定出河西所独有的城镇色彩规划体系。

生态地域建筑最大的特性，便是建筑与环境的协调性，河西地域建筑庄堡最基础的建筑元素——“土”为中国五行中一脉系，“青、赤、黄、白、黑”，其中黄色居中，为“土”，正是现有河西最为传统的建筑基础色。彭德先生在《中华五色》中著述“五色各有名分：青为首，赤为荣，黄为主，白为本，黑为终。首是先导，荣是华彩，主是总管，本是根基，终是归宿。五色以黄色居中，称中黄，最为高贵，它是王权的象征，中华帝国的标志”，对于黄色的陈述，彭德先生提出早先中国周秦汉唐时期所处的行政区域，即地处黄土高原及其周边一带土壤的黄色为参照对象，以“五行”之中“黄”取色为赭黄色，强调“土”的色系定位。姑且不论黄的取色倾向于那一类黄，那么“普天之下，莫非王土”的王权思想在五行中可以找到最佳解释，天下与疆土的关系昭然若揭，土“已经由最初原始安身立命‘穴居’的概念”[1]而根深蒂固。河西走廊的色彩体系，在特殊的地理生态环境中呈现特有的协调性，针对庄堡在河西走廊沿线的建筑环境中以不变应万变的“黄色”体系，有必要分析沙漠、戈壁滩、草原和绿洲相互交织，所产生的丰富而富于变化的原生态色彩体系（图 6-2），从色系表中可看到古建筑遗址、景观、建筑色彩体系，倾向于赭石、中黄、土黄、淡黄、暖黄等不同种类的土黄色系，在自然环境的结合中，与天空的蓝色系和自然生态的绿色系相搭接，呈现出自然生态和谐的画面，这在当下的建筑谱系中，很难有以黄色系为主调的建筑语汇表现。河西生态色彩体系的建立有利于当下地

[1] 在第一章第一节河西走廊建筑风格与地域环境的生态关系中，阐述了河西走廊早期的半穴居地理环境选址的特征，在此针对河西的穴居建筑特点不再展开。

图 6–2 建筑遗迹、建筑绿洲色彩体系（资料来源：作者自摄）

域建筑的设计推进，便于组织城市色彩体系化发展[1]。

2. 河西走廊地域建筑的工艺技术和装饰特点

河西走廊地处古时对外贸易和西大门边防的要冲地位，带动了中原地区与西域少数民族的充分交融与互动。由于边远的地理位置，其民居建筑受历代封建中央政权的影响相对较小，反之西域宗教传播对河西走廊的风俗习惯影响较大。在引进来、走出去的贸易影响之下，民居建筑装饰充斥着外来文化的影响，使本应属于北方民居建筑文化体系的河西走廊，在不断吸收外来文化的创新中，

[1] 建筑色彩体系属于独立的一个分支，尤其实际运筹中民俗色彩所形成的具体街区空间的色彩范畴，以及地域软装等独特的色彩有待进一步具体研究，进行表述。

图 6–3　瑞安堡三进院环廊雀替、额枋彩绘（资料来源：作者自摄）

形成了自身独特的营造技术工艺——比较成熟的夯土、土拱、土坯垒砌和拱砌技术。河西大多数堡寨以夯筑“干打垒”的传统方式修筑，墙体夯筑厚度一般为 2~6m，从墙底到墙顶依次收分，一般约为 10~11m。夯层内可加红柳枝或砂石类以便增加稳固性，庄墙可达数米之高，墙顶面可形成平台用于防御活动，堡四周可有角墩、女儿墙、角楼、门楼、马面等不同内容的军事防御设施。院内可设天井院，使院落相连、层层而进，堡内建筑院院相套，形成封闭性院落，可用来御敌，也可满足恶劣生态环境带来的风沙之害。土坯制作的庄墙通常以近现代修筑的民居建筑为主，庄墙因其高大、工程量庞杂，使土坯工作难以完成，通常以夯土版筑为盛。

河西地域民居吸收了多元的文化因素，刚柔并蓄，在遵循一定文化传统的同时，又不墨守成规，有自己独特的艺术创新之处。

河西地域装饰特点主要在于建筑檐廊的丰富变化，庄堡土木结合的节点也正体现于此。河西干旱与冬季寒冷的生态环境，决定了檐廊结构的重要性，檐廊起着遮挡风沙、日照和丰富庄堡建筑立面的作用。在建筑的细节上，檐廊根

图 6–4 瑞安堡额枋局部彩绘（资料来源：作者自摄）

据庄堡主人的经济状况在建筑规制上差异较大，但出于审美、修养、对美好事物的向往，建筑装饰表现的内容大致相同，图案内容多寓意吉星高照和大富大贵。如武威瑞安堡檐廊额枋呈现三层叠加镂空样式（图 6–3），最上层皆为麒麟瑞兽、第二层为吉祥瓜果、第三层为暗八仙或二十四孝等家训内容（图 6–4）。各层内容寓意天上、人间等美好的生活吉兆，部分檐廊以繁杂的连理枝形成建筑檐廊挂罩，和暗含吉祥牡丹、龙凤等纹样的雀替等，能从图示中管窥更为生动鲜活的彩绘人物手法❶。

河西装饰艺术反映出儒家思想和道家文化对河西的影响和传播，儒家伦理道德思想渗透在衣、食、住、行的方方面面。通常传统的三纲：君为臣纲，父为子纲，夫为妻纲，五常：仁、义、礼、智、信等忠孝节义的内容，常常以石

❶ 瑞安堡的设计者是田志美，毕业于日本早稻田大学，时为清华大学教授。瑞安堡在新中国成立后被分给贫下中农，“文革” 期间被占用，1993 年公布为省级文物保护单位，1987 年进行维修，初步恢复原貌。2006 年公布为国家重点文物保护单位，进行全面维修。就瑞安堡上的彩绘装饰纹样其间是否翻修，暂未进行考证。

刻、木刻或彩绘额枋等装饰手法体现在建筑文化中。尤其中原建筑文化中律己、严明、家训，平安长寿、吉祥如意，以及竹林七贤、孟母三迁、岁寒三友等宣扬儒家思想题材图案的装饰内容，反映了民居文化对中国传统儒家思想的遵从。同时，传统文人志士亦然追求道家文化“顺应自然”、“返璞归真”的传统生活方向，尤以道家“起死回生，修身养性，净化环境，万物滋生，救济众生，镇邪驱魔，广通神明，占卜人生”这八个寓意的暗八仙[1]为代表。

武威民居装饰中多见植物元素，在伊斯兰文化中，宗教思想忌讳将生物形象表现出来，因此伊斯兰建筑装饰题材以植物形象居多。最常见的有蔷薇花、石榴、藤蔓等。花束象征着吉祥，果实象征着丰收，明确传达了伊斯兰民众对美满生活的向往。由于题材单一，在装饰的过程中反而更注重数量的增加。因此，常见伊斯兰建筑中复杂繁缛的檐下和枋下装饰。在对河西民居的考察中，注意到广泛使用的檐下木雕装饰和伊斯兰建筑中的挂落装饰有异曲同工之妙，而且形似。内陆地区民居雀替多见带有吉祥寓意的典故绘画，而武威沿线向西民居多采用植物题材，与中原地区常见的雀替、梁托有很大的区别。建筑中也多见弧形装饰，瑞安堡城墙上武楼檐下金柱与檐柱之间，跨度仅 1m 左右的弧形雀替在关中之地没有相关形态出现（图 6-5），云头如意纹与新疆维吾尔族民居元素类似。弧形装饰中间高起，两边对称，在伊斯兰文化中有神圣而庄重的意思，云头如意纹表示吉祥如意。可见武威民居在汉族传统民居形式的基础上受到一定的“西域”建筑装饰文化即新疆

图 6-5　瑞安堡城墙上武楼檐下金柱与檐柱的券口（资料来源：作者自摄）

---

[1] 代表道家文化的元素就是道家的“暗八仙”图饰，由“花篮，芭蕉扇，阴阳板，玉笛，葫芦，宝剑，荷花，渔鼓”这八个元素组成。

伊斯兰装饰文化的影响[1]。因此，河西走廊的建筑装饰内容真实反映了丝绸之路东西文化交融与互为传播的特点。

在考察中见到规模不大的庄堡院落，其回廊也依然有简单的额枋和雀替建筑结构，彩绘内容并未超出中国传统吉祥图案文化内容的藩篱，山墙墀头位置的砖雕，多为麒麟送子或鹤立延年等吉祥内容。就砖雕的高浮雕、圆雕、浅浮雕等雕刻手法而言，河西建筑的砖雕工艺远不及甘肃河州砖雕，也无法与陕西关中等地相媲美，因此从地理区位上越向西北砖雕工艺越差，装饰性越少，越靠近东南方向砖雕使用越广泛，工艺越细腻，如甘肃河州砖雕声誉西北。就区域角度观察，河西装饰面积有限，不及关中、夏河等地砖雕艺术的复杂与完善；而甘肃河州的建筑工艺，是以本地汉族大木作建筑工艺为基础，融合多民族，特别是回族建筑工艺风格形成的。同时，河西昼夜温差明显的地域环境，使砖雕在冬日上霜之后容易剥落风化，该因素很大程度地影响了砖雕在河西建筑上的大量使用，因此相关的生态环境条件在某种程度上限定了建筑装饰细节的发展。

3. 河西地域建筑的风水观

中国的风水观历来与地域环境有着密切的联系。风水文化影响广泛，波及生活中衣、食、住、行各个层面，对民居建筑的营造有心理判断、感受、价值取向等影响。民居相宅之法涉及建筑定点、定向与营建的定时，注重自然地理，包括生态、景观诸因素的审辨与选择，也被称为“形势宗”。而讲究占卜、吉凶与禁忌者被称为“理气宗”。在现实生活中更为直接的风水观念是我们所宣扬的“形势宗”，传统相宅风水根据住宅环境的不同被分为井邑之宅、旷野之宅和山谷之宅，而河西绿洲的生态环境恰巧在宏观概念上是旷野之宅，与自然地理环境关系紧密；微观上是井邑之宅，其外部环境更多地涉及人文因素。

河西走廊地域建筑符合西北地域的季风气候，建筑多为坐北朝南走向，在体现传统合院的建筑中肯定了人与自然的同一性，符合中国建筑哲学“天人合一”的思想，顺应自然，随形就势、因地制宜的建造选址[2]，河西庄堡注重建筑和自然环境的协调，是我国古代建筑的一个优良传统。河西庄堡从建筑的风

---

[1] 冯琳．甘肃丝绸之路沿线传统民居建筑装饰比较研究 [D]. 西安：西安美术学院研究生论文，2012.

[2] 在第二章第一节中的第二点“河西走廊地理气候学的原生态建筑特征”的内容中详述了河西走廊地域建筑的地理选址、建筑环境用材特点，以及土质分布和土墙设施的地域化特点。

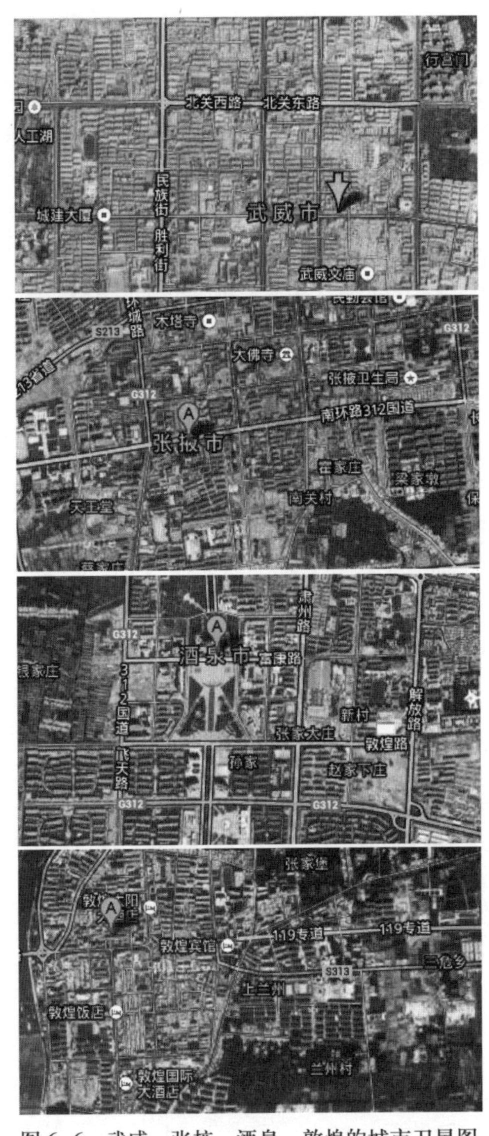

图 6–6　武威、张掖、酒泉、敦煌的城市卫星图
（资料来源：google 地图）

水角度来讲是符合生态观的，河西冬季盛行西北风，夏季盛行东南风。我国“坐北朝南”的宅舍习惯源起于我国位于北半球所形成的北温带气候，宅舍朝南，盛夏季节可避开下午最热的直射阳光，减少室内的日照，从而能保持室内有一定的凉意，隆冬季节又可避开西北寒风，引入更多的阳光,起到防寒保暖的作用。因此，河西地域建筑的入户多为“坐北朝南”，完全符合中国传统文化的日常起居方式。图 6–6 所示为武威、张掖、酒泉、敦煌城市卫星图，一览无遗可见建筑的“坐北朝南”朝向。在第四章论证了河西庄堡地域建筑，注重建筑环境和自然环境的契合关系，建筑村落多以生态水文环境丰饶的绿洲为生存载体，利用地形地貌、水文气候等特点，结合建筑空间选址布局，营造人、建筑和自然环境和谐共生的诉求。事实上历史古城址的废弃，也多数皆因生态水文的变化，以致最终面目不存。

风水不仅仅注重人文景观与自然生态环境的和谐统一，更使得中国传统建筑文化有了灵性，蕴涵了自然的生长规律，以及传统美学和伦理观念等内容。如“背山面水、负阴抱阳”的建筑宅院格局，风水之说为“万物之生，以乘天地之气”，因此院落“水口、气口”的自然方位等都体现着生活常识与经验，实际建筑布局、空间分割、图案寓意等风水观念体现了人们追寻合理健康、宜居环境等多方面内容，目的是使居住者在生理、心理上感到舒适自在、气节调顺。

河西走廊庄堡的院落格局通常包含有以下几方面：[1]

墙垣：风水中讲究“峤气”，以高层屏障围合适度产生场所的安定感。河西庄堡高大墙垣满足了风水峤气的特性，四面围合形成了宅内通风、降温、防风御寒的小气候环境，同时宅形完整方正且稳定感强。

入口：入口也为“气口”，不仅为宅内外交通孔道，也涉及出入平安、防卫和邻里和谐或门第尊卑秩序。河西建筑布局细节上同中国传统四合院有相类似之处，院落大门通常位于东南角的巽位上，即文昌位。这完全符合古代社会倡导重农抑商，实行“进则仕，退则农”的耕读态度。

照壁：通常直接选择东厢房南山墙为照壁，山墙立面下部为须弥座，内容多为吉祥寓意的砖雕图示，简单的聚落无照壁。空间秩序上符合风水中的气喜曲忌直，即“曲则生情，直则生煞”的风水观。

厢房：庄堡的东西厢房不同于关中独立的建筑体，而是通过耳房将正房与厢房联结为一体，拐角通常西部为厕所，东部为厨房。河西民居聚落由于地方生活的特点，部分拐角也会连做过廊，衍生出侧院或后院。河西走廊沿线向西由于气候原因，部分厢房立面再向内“凹”，形成厢房两间南北面对面开门的结构，以聚生气，用以冬日防风保暖。

堂屋：通常宅院北房宽阔，南北幽深，便于通风纳阳。堂屋正中通常为祭祀的祠堂，用于供奉祖先，起着公共空间的作用。河西普通聚落堂屋三开间连为一体，正中开门，内部空间功能在使用中自由划分。

总体上河西的建筑营造符合风水说的视知觉法则，如对比协调、节奏韵律等。但不可忽略其中的一个特点便是由于河西远离京畿地区，所受封建制度的禁锢减弱，加之丝绸之路西域开放式建筑格局对河西的辐射交融与影响，使河西走廊建筑的布局格局在形式上对传统封建住宅建筑等级制度有一定的僭越，当地的官僚和豪绅富商会超越封建规制中对于民居宅地类似于开间加大、柱子加长的等级限制，抑或相对四合院的规整格局加强了空间的围合度等。河西地区的地域民居建筑特点凸显着西北地区的生产生活行为方式、地理环境、自然条件、文化传统和哲学伦理，以及长期积淀凝结而形成的民族心理素质、民风

[1] 由于实际屋主财力、物力的不同，建筑格局与繁复程度会有所变化，同时在具体的使用中功能也会稍有变化。

民俗等，相互作用、互为影响着西北生态地域建筑的审美理想、审美经验、审美形态等内在价值体系。

河西民居庄堡风水观的特点充分反映出河西民居聚落文化本身的特质。

4. 河西地域建筑的性格表现

民居建筑的性格特征是人们在建筑实践中不断总结和升华前人经验所得，河西地域建筑也是由低级穴居向高级建筑群落发展的过程，早期穴居的土性建筑需求功能相对单一，仅仅是居住的表现特性。在缓慢的发展过程中，强调建筑从单体转化为多空间，甚至向建筑群落发展的可能[1]。在空间变化的同时，伴随着复杂的社会关系，居住建筑也因不同的目的和实际功能的需要，而衍生出不同建筑用途的多门类建筑，使原本单一的居住建筑，趋向于具有生命代表性的共同复合体——公共建筑。河西地域建筑，以最初庄墙夯筑的围合性限定了未来空间延展的可能性，确定了以族群为基本单元的发展模式，从本质上庄堡也不同于现代西方古典建筑向高空发展的个性，限定性造就了庄堡人口的承载力，使人口发展到一定规模时必须另起炉灶，来分担空间承载压力。建筑性格最终表现为，倾向于一院庄墙的规划建成，经历建筑与人口密度增加与递减所产生的时空阶段表达。河西庄堡所形成的家族性质是由最初的定居者慢慢发展为族群的过程，即建筑同人口的关系紧密相关。河西一院庄墙的建造，不同于我们现代建筑完全靠塔式起重机的建筑技术工艺。以一组网络夯土庄墙[2]（图6-7）的系列照片来分析庄墙夯筑的建造特性，博主用了这样一段话来形容："初春的草原在阳光下泛出点点新绿，但也透露出丝丝寒气。居住在草原上的牧民迎来了农闲时夯筑土墙和修房建屋的季节。无论哪个村寨，无论寨子里的谁家夯筑土墙或是修建房屋，寨子里不分男女老幼所有人都前去帮忙，他们从不计较酬劳，甚至自备干粮。这样纯真的情感和质朴的民风不断地传承着藏族的传统美德"。同时，夯筑的宏大场面已经增加了预想建筑的宏伟，并且在建造过程中增进乡里乡亲的感情，增加交流与沟通，使看似原始的劳动突然增加了画面的美感。夯筑墙垣的质朴、简单和工艺的原始美都表现了庄堡建筑的内在特性，因此河西地域夯土庄墙的建筑性格表现为内敛的夯筑之美。

这样的建筑过程，伴随着社会活动，产生着人文思想和文化传播的作用。

---

[1] 对于此点在第五章第二节对于土坯材料的出现中有所分析。

[2] 引自2010年5月四川麻辣社区的帖子，因一直联系不上楼主，所以未曾获得具体的建造地点以及族群等人文背景资料，就夯筑场面的人群服饰猜测应该是高海拔藏区。

图 6–7 传统夯筑建造模式（资料来源：网络）

它包括建筑的制度、规范、理念、思想观念、艺术审美、工匠技艺等一系列建筑活动的经验值，这种思想和传播的意义在于对民居建筑将会具有一定的规范和心理暗示作用。现代居住空间的营建成为一种日常建造方式，属于行业建造工种，从而远离了民众的参与，即使实验性夯筑走进生活的视野，也属于营造行为（图 6–8），绝无传统夯筑行为模式所带来的广泛生活意义。

5. 空间结构的纯粹性

对河西庄堡的认知可谓是“奇正相生”,《辞海》解释“正”为“正中、平正、不偏斜……”，君子才谓堂堂正正。而河西庄堡营造的方正之举正是出于空间纯粹的“正”，“奇”在于内部的井邑之宅，产生了奇正相生的空间意趣。如酒泉早年的嘉峪关（图 6–9）、走访的张掖高台南武城、民勤瑞安堡和张梅少堡，以及当下武威古浪县双塔村泗水乡的庄堡小院等，庄堡空间结构可大可小，其弹性根据建造需求而定。

庄堡建筑由于庄墙的围合性降低了建筑无限扩展的可能，内部空间在初期

图 6–8　现代实验性建筑夯筑（资料来源：网络）

规划建造中，处于相对稳定状态，建筑空间的布局形式也多为近乎方形的独栋院落，抑或多进院的长方形形制。庄墙、院落内部结构的繁复与主人的经济能力有直接关系，大多河西庄堡即使是多进院，其空间布局也相对简单。整体布局分前院后院，在功能上堂屋、厦房、倒座、边角旮旯的厨房、仓库等农用辅助空间（图 3–7），与关中院落的传统布局接近。繁复的地主庄园布局空间复杂，正房会有较为少见的二层格局，但中轴对称依然是河西建筑格局的首要特点（图 3–1），不同于西域建筑格局的开放性与随意性[1]，更远不及南方私家园林那般有空间意趣变化。河西走廊完全遵从了中原的建筑格局，院落简单的空间格局依然包含着中国传统建筑的象征意义，其中院落的房屋格局从传统“礼”的精神上体现秩序与和谐，长幼有序的排布，提倡的是“君惠臣忠、父慈子孝、夫义妇顺”等象征寓意。在对河西走廊的实际调研走访中发现，更多村堡级别低的老庄子也存在自身的特点，不像关中院落那样通过厅连接前、中、后各院，而河西院落部分是通过正房两侧的偏院连接后院，偏院用作晾晒等场地，院落

[1] 第五章第一节有关于西域喀什生土建筑特点的陈述。

中也设有厨房、草料棚等仓储用房。当然，也不乏富甲一方的豪绅的特例，如瑞安堡的建造完全超出了地方的建造规模，甚至借用了外来的建筑形式与地方建筑相结合，在空间中营造了七庭八院，形成了"一品当朝"的吉祥寓意的空间布局❶。但是总体并未跑出北方传统院落的布局形式，以现今保存完整的瑞安堡为例，堡内整体七庭八院的空间结构稍显繁复，但是立于瑞安堡庄墙的制高点，院落内部格局依然围合于庄墙之中，保留了庄堡视觉的纯粹性与完整性（图 3-6）。

6. 建筑内外立面造型

河西庄堡墙垣建筑外立面的坚固感，使建筑物从远处看起来坚不可摧，外围方位设施的坚固耐用对一个村落生存于兵荒马乱的年代起了巨大的保护作用。运用建筑方位语言符号、片段和元素组合产生出外在的防卫感是庄堡夯土特质传递的直观感受，是形式语言外化后自然表意的流露。由泥土夯筑而成的庄堡建筑形式，毫无疑问在图示化的意义上，存在着空间结构的美学观念。夯土墙的外立面质感，对于建筑外在的形态特征是一个重要因素，河西地域建筑的外在特征，在于整个庄堡封闭围合的特性，四面高大的夯土墙使建筑外表皮整齐划一，将院落内部空间结构包裹其内，仅留出入口突出于庄堡之外，使建筑的单一立面稍有变化，外围入户门脸在突出的结构中，出于防御作用往往低矮狭小，却与庄墙的质朴协调一致。

庄院为加强庄墙的防护性，庄院之间不相借墙营造，但不乏部分村户联合建院形成完整的大型庄堡，内部街巷依然纵横交错。如今河西走廊遗留的大型庄堡院落已不可寻，但从嘉峪关 1911 年的历史照片依然可见大量的民宅建于其内，现存游击将军府在照片中还依稀可辨，内部形成街巷里坊的庄堡空间尺度（图 6-9）。另外，考察中偶遇老人，口述南武城现存高大厚实的庄墙遗迹，是类似于嘉峪关城的民间庄堡形式。不同之处在于南武城庄墙完全为黄土夯筑，而如今嘉峪关几经修缮呈现为青砖砌筑。庄墙外立面是建筑的外观视角，建筑内部依然为独特的中国传统建筑立面结构。相较中原民居，由于河西走廊气候终年干燥，建筑屋顶不似中原双坡屋顶或单坡屋顶，而是传统为 7° 左右几近平顶的斜面，建筑院落内部立面，具有符合地域环境气候的外檐廊柱式结构，其中廊枋、雀替、檐廊额枋、门窗样式等细部结构与中原几乎无异，特殊之处

❶ 在第四章有详细介绍。

图 6-9　1911 年的嘉峪关（资料来源：嘉峪关城市博物馆）

仅在外檐廊稍作装饰，少部分建筑结构山墙侧面有墀头砖雕。檐廊建筑内立面除门窗外因为要适应当地昼夜温差保暖与隔热的特性，隔墙皆为土坯墙，不同于关中木制槅扇门窗的建筑立面形制。从分析能看出河西走廊久远的历史融合，在吸收外来建筑文化技术与审美的同时固化了本土地域建筑的生态特性。

7. 历史城市的轮廓

建筑物的外轮廓线为城市保留了岁月的痕迹，建筑外在面貌的区分与辨识度创造了建筑物的形象特点，容易唤起人们的情感与归属感。河西历史城市遗迹的轮廓线，除了大方盘城、锁阳城等汉代大型夯土城垣遗址外，如今已经难以寻觅完整夯土庄墙高筑的建筑群落，仅见到些许残迹或台基。大方盘城、锁阳城现存夯土庄墙的视觉感受，是其超比例建筑尺度在玉门关茫茫戈壁上的协调一致（图 6-10），庞大的建筑躯体由远至近的视觉放大，带来的质感冲击，那是当代城市空间中绝无比拟的外在建筑形态。

由于河西特殊的地形地貌，不存在建筑的叠加和建筑的错层关系，完全是建筑一字摆开的横向延展关系，远观是不同体量的庄墙重叠，量化的结构空间，不同于低层小型民居建筑，抑或大型建筑相融合形成的建筑艺术空间情感印象。如今在古浪县及周边还沿用大量庄堡的形制，但格局、规模与所存残迹相比庄墙矮小，厚度变薄，家家户户独立但又远观为村级庄堡建筑群落。

图 6–10 锁阳城城角高墩遗址（资料来源：作者自摄）

考察中发现部分未被破坏的以户为单元的完整庄堡，其院落夯土墙高度完全超出改造过的同村庄院数米，院内依然保留瞭望防御马面（图 3–12），只因年久失修已经丧失实际防御功能。据统计资料，河西敦煌至 1960 年尚存大型堡子四五十座[1]。最早者建于嘉庆、道光年间，晚者建于民国时期。张掖市山丹县明清时期已设村堡 70 多个,形成自然村 130 多个[2],但现今多已不存。[3]由此可以推断，河西走廊的历史轮廓依然保持在统一“土”质的环境特性格局之下，河西走廊如果今日依然保留大面积的庄堡必定是蔚为壮观。

“意识与对象并不是直接发生关系，符号是意识与对象的中介，符号系统是连接主体意识与对象世界的桥梁,从而构成统一的意义世界”[4]。对于地域建筑的感受是视野的辨识性，建筑的外在空间尺度、亲和性和掌控性，都是单体

[1] 萧默 . 敦煌建筑研究 [M]. 北京：机械工业出版社，2003：182.
[2] 马鸿良，郦桂芬 . 中国甘肃河西走廊古聚落 [M]. 成都：四川科学技术出版社，1992：119.
[3] 马鸿良，郦桂芬 . 中国甘肃河西走廊古聚落 [M]. 成都：四川科学技术出版社，1992：119.
[4] 赵巍岩 . 当代建筑美学意义 [M]. 南京：东南大学出版社，2001：12.

造型外在符号化的基本元素。因此，地域建筑外在可辨识的建筑形态成就了建筑的类型，这是长期日常生活积累与文化层面交融后形成的建筑技艺营造，从根本上也不能脱离生态环境地点本身，这样的地域建构不属于当下普世特征的类型与风格，一定是地域生态性的特征表现，是河西建筑建构的存在之根本，也是形成河西生态地域建筑审美依据的根本（表 6–2）。

河西庄堡建筑形式的审美依据　　表 6–2

1	自然生态属性	按照生态环境进行建构的原始结构与功能需求的演进关系
2	空间架构属性	各民族文化交融中形成的生活行为和礼仪习俗、习惯，并发展出的空间意识布局
3	建筑文化属性	装饰特点赋予建筑的文化意义是以地方生活和民俗作为生态环境的解读依据
4	协调的色彩体系	河西特殊生态地理环境下的地域建筑色彩体系
5	地域建筑尺度	建筑围合与生态环境的地域体量关系

第三节　河西生态地域情感与建筑艺术

事物发展有自我修正与完善的功能。“人类中心主义”从工业革命以来，成为思想哲学领域占据统治地位的思想观念，一时间“人为自然立法”、“人是宇宙的中心”、“人是最高贵的”等思想成为压倒一切的理论观念。如今，人类在多发的自然灾害面前，开始进入面向生态审美的发展层面，是社会发展思考反省的新阶段。河西走廊地域建筑的生态审美，是关注河西地域建筑情感场所的建构。建筑最初的功能在经过长期生活的发展后，渐趋于合理化的美学改造，从而继续着自己的历史使命，我们在回看历史建筑的发展中，能感受到不断完善变化的过程。就建筑本身而言，空间场所的形成与发展，不仅仅取决于建筑实体的实用性，从根本上情感和艺术概念的相互协调一致，是“场所”系列建造活动的建构，因此地域建筑不应是没有生命力的建筑材料本体的堆砌，而是具有强大生命力，深厚情感表达的空间所在！传统美学包含对称、和谐与比例等形式美法则，而生态美学的范畴被定位为，人的诗意栖居与美好生存的层面，是对审美生存、诗意栖居、家园意识、场所意识、参与美学、生态批评、生态诗学、绿色阅读、环境想象、生态美育等特有的多领域审美范式的定位[1]，是建立在传统美学基础上的美学范式突破。

一、河西地域建筑情感的归属表现

前面几个章节论证了河西走廊庄堡建筑的存在价值，那么河西庄堡的生存现状与模式又如何呢？通过展开分析现有自然村的生态布局，认识河西地域建筑的地域特性，解读空间场所归属感的建立。

建筑生命体系的发展在于它缓慢的成长过程，在《建筑永恒之道》一书中，展示了城市住宅街区缓慢生长的过程（图 6–11）。图示街区在自我的调整与修复过程中，形成了疏密协调、空间合理的平面布局。喀什老城的土围子建筑也是这一城市格局生长变化的最好印证，在建筑的相互交错与叠落中（图 6–12）依然存在着自由的交通动线和丰富的建筑变化，当然这些变化是逐渐发展的，蔓延形成了城镇化的模式格局[2]。那么相对河西走廊庄堡建筑的特性，也存在着城市住宅自我调节格局的有机性，如今在武威古浪等地区，还大量存在庄堡[3]的村落形式[4]，从卫星定位图上能清晰地看到村堡村落的空间形式。自然村生动的空间展示了庄堡形态布局，并非统一规划的建筑发展格局，庄堡之间相对的独立体，也形成了一定的村堡特色，存在着庄

图 6–11　十二个住宅的缓慢成长
（资料来源：《建筑永恒之道》）

---

[1] 曾繁仁 . 生态美学导论 [M]. 北京：商务印书馆，2010.

[2] 这种模式虽然不是现代生活所希望取得的模式，但也绝非是日常生活小区所能替代的特色格局，因此也是当下城镇化推进中需要加强的重 要课题。

[3] 现存的庄堡形式与早先的庄堡已有很大的区别，首先是庄墙高度与厚度远不及早先具有防御性质的庄堡形制。

[4] 现有的庄堡面貌都已相对矮小，且庄墙厚度也随高度的降低变薄，最主要的特征是依然保留着庄墙空间的围合性。

图 6–12　喀什高台老城区街巷及卫星平面图
（资料来源：余平、董静著《土、木、砖、瓦、石》）

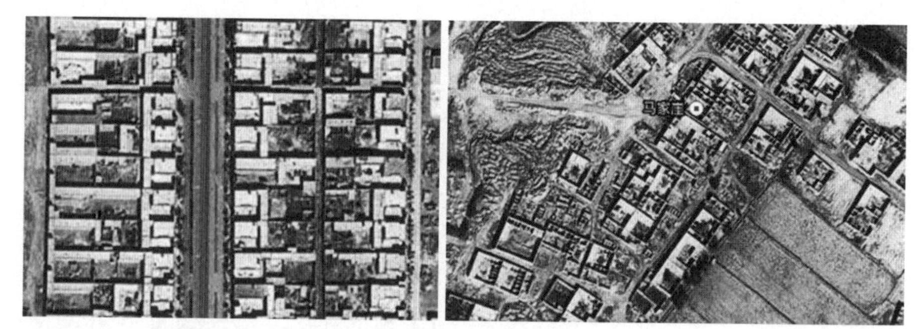

图 6–13　金昌市郊区马家崖规划村（左）与自然村（右）
（资料来源：卫星定位图）

堡场所特有的情感因素，尤其古浪东沟村的卫星定位图中能明显看出庄堡的疏密关系，空间围合形成的村级“广场”空地，使原本密集的建筑空间有了场所的生机。空地，往往是村级农家用来打谷扬场的公用活动空间，是人们参与沟通交流的场所空间，类似于此的自然村空间场所属于自然发展模式。卫星定位图显示只有经过规划的新农村用地是整齐划一的格局。自然村与规划行政村之间的区别（图 6–13），两者放眼望去便是拘谨与生动的真实对比[1]。这种统一模式化本身是否使我们的环境充满活力值得商榷。统一的规划注重了私人对于庇护和领域性的要求，忽视了人与人交往空间的存在性，显得呆板，因此不赋予情感的空间场所便产生了。当然，并不能因为这二者的关系，便完全推翻模式化的必要性，两者之间存在着平衡点的关系，即村堡形成的负空间与公共空间

[1] 新农村的发展是一个村级发展阶段，中间产生着不同的合理与非合理化因素，还需要大量时间考验来论证新农村的科学性。

存在的合理性。自然村边缘化空间地带上的场所空地，使村落空间更富有情趣与变化，正如众人都会觉得站在“U”形的窗前会比站在“一”字形的平窗面前更舒服，那正是一种私密与公共的观感区别。统一整齐的村落格局，缺乏生态审美观与诗意的栖居、家园意识、场所意识等一系列审美范式。因此，河西走廊庄堡在注重生态建筑本身的过程中，也要尊重以人为主导的自然村发展属性，既强化有生机单个模式的生成变化，也不能随意抹杀生态地域建筑与生俱来的地域归属感，而是找出之间的联系性，并强化这一特性。

由此应该注重在现有的城镇发展格局中，尊重原有“建筑”与“环境”由相聚而居最终达成空间格局的平衡协调，二者之间存在相互制约又共同发展的生活行为模式。地域民居建筑是特定历史时期民众造物、民间信仰和时代审美的人文载体，其作为建筑与环境空间艺术的载体，充分延展了地域文化的生活行为模式，地域建筑成为物质文化过程与文化物质形态彼此互动的最好阐释。从我们所分析的地域建筑情感表现来讲，从单体建造的个别语言，所形成的建筑群组关联，这之间存在的是一个庞大的结构，是一个不断演进着的建筑群所构成的结构。也就是说，城镇化的体系发展也是建立在这样的结构之中，而不能随意地凭空而降。在未来的历史街区空间营造中，应当看到原有自然聚落发展的优势，提升区域空间的吸引力，反对当下新农村单调街区空间设计手法的一统性，而失去了原有街区的立面变化和空间活力。应当维护聚落休闲空间格局的完整，将其转化为优势资源，结合城镇绿化特征和公共设施，增强聚落人群交往与交流的生活行为方式，加深历史街区休闲空间形态的趣味性，保证历史街区休闲空间不失活力，不断向前发展。曾经有一些设计师认为，发展中的中国就是一张白纸，可以任意想象，创造不同的新奇建筑，这样的言论显然是不负责任的说辞，尊重地域建筑的情感特性，是城镇化发展的首要关注点，尊重庄堡本身所具有的审美特点，进行特有的地域化建筑情感延续将会使河西的地域建筑，保留本色而区别于其他地区的城镇文化表达。

河西走廊地域民居建筑应该固守协调的、具有归属性质的传统生活，以非设计师的地域建筑为蓝本,创造出适应生态环境的地域建筑为未来的发展之道。

二、河西地域建筑的艺术协调性

所有的事物只有在“存在”中才能确立空间中的物象，才能形成物与物之间的观与被观，因此需要把河西走廊现存的地域建筑遗址的“存在”物象，纳入到艺术的表现形式中来。表 6–3 展示了河西古代城池的遗迹，这些遗迹便是历史的见证者，经过上千年风沙的洗练，如今的残破之躯，依然矗立在河西这片广袤的沙土之上，建筑物是不会说话的历史见证者，它用建筑特有的记录语言，将曾经的生活包罗万象。当进入那些高大的夯土墙区域内，便会不由自主地被那些曾经的辉煌所震撼，眼前影像会被快放，甚至会浮现出当时在风云变幻中弥留至今的建造场景。海丁格尔强调“筑造即是栖居”，认为栖居的筑造，也即是大地上的存在，因此这些遗迹的“存在”，是人类生存价值意义的载体；同时也是一种赏心悦目的视觉艺术，它既具有几何构成又有表达模式。它不仅仅反映了一个时代的技术与科学水准，也作为见证者言说着那个时代的精神，以及同时代的审美观念，而且忠实地记录了当时人门的生活方式与价值观念……只是人生太多的华章已随历史灰飞烟灭，繁华不再，如今只能从地下考古、历史文献以及寥寥的后代绘画摹本中体味一二了，正是这种生命的相互延续，使得建筑文化渗透于生活的不同领域。

河西沿途经过多地考察，在遗址现场踱步丈量，可目测建筑夯土墙的高大，但是建筑物体量的巨大与茫茫戈壁、沙海、湿地相比，只是平面空间中的点，因为建筑本身的色彩与周边环境关系的自然融合，自然而然凸显出自身的艺术

沿途考察河西古城址艺术面貌　　表 6–3

城堡遗址	名称	城堡遗址	名称
	破城子遗址		破城子遗址局部
	锁阳城处庇护所一		锁阳城处庇护所二

续表

城堡遗址	名称	城堡遗址	名称
 	塔尔寺远景及残塔		塔尔寺
	玉门关大方盘城东面		玉门关大方盘城西面
	野麻湾村堡		野麻湾村堡局部

（资料来源：作者自摄）

协调性（表 6-4）。

河西遗留下来的地域建筑遗址与遗迹，恰恰是建筑与现实场景中艺术的跨界桥梁，沿途考察河西古城址面貌，能从所收集的一手现场资料中，感受河西夯土建筑所特有的“大象无形之美”，屹立于沙海、戈壁，表现集苍茫、雄浑为一体的自然景观。

河西地域建筑艺术协调性的表现　　表 6–4

序号	艺术特点	河西走廊地域建筑特点
1	实体与虚体之间 （建筑实体转换的虚体空间关系）	建筑的围合关系形成建筑的虚实关系，入口与建筑的虚实转化通道
2	符合形式美的规律 （变化统一、比例尺度、对称均衡、对比协调、节奏韵律）	方正、规矩的轴对称院落建筑；夯土与地貌的生态环境对比，生土建筑比例、色彩、肌理协调
3	视觉感官的统一 （感官与视觉的平衡点）	建筑外立面与视觉轮廓的统一

河西走廊居于西北重镇特殊的历史地位，加之残酷的生态环境，产生了不同于其他地区的建筑形制，这些建筑遗迹更多地阐释了人、建筑与自然所具备的和谐生态之美。中国文化与中国传统建筑之间气息相连的根植因素，是中国人骨子里难以摆脱的“中国式”气息。只有身临其境，方知中国文化骨子里遗存的厚重之气，是历史的一脉相承，历史空间与时间的组合体所不能忽略的便是血脉的传承。

从以下几方面，能够理解河西地域建筑艺术协调性存在的基础。

首先，究其脉络，中国的历史不可缺失的恰是中国的农耕文化，农耕与土地的捆绑性质创造了生态地域建筑。中国封建社会中央集权的政治制度，决定了“学而优则仕”的等级制，文人“进可仕、退可守”的社会现状也与土地紧紧地捆绑在一起，这种捆绑性质，决定了中国文人的社会属性。时代的精英自然与政治、经济、文化、思想动态密切相关，这样一批社会精英所创造的，与生活行为息息相关的居住生态环境，那完全不只是工匠的技艺表现。不同社会阶层的文化意识形态与地域特点的结合,从而产生了不同区域的不同建筑形式，河西民勤虽是大西北偏远沙化的不毛之地，但也是一处才子辈出之地，深受我国推行的传统教育方式影响。

其次，在具体的行走过程中，感受不同时代、不同物件、不同流向都能觉察到中国历来的农耕文化气息。河西特殊的戍边文化，使中原的耕读文化引入到这片广袤的土地中，现有的历史诗词，几乎都有着文人雅士参与生活方方面面的只字片语。如“凉州七里十万家，胡人半解弹琵琶”、“羌笛何须怨杨柳，春风不度玉门关”、“大漠孤烟直，长河落日圆”等。中国文化的雅俗并行、互斥、合流、融会成为历史推进中最有力的推手。

在中国历史中后期出现的禅宗文化主张一切众生皆有佛性，重视人的“悟性”，只要能开悟而直指本心，当下即可成佛的观点，扩展了后世文人的思维方式。长期浸淫于此的文人，更是强调艺术创作“意境”的凸显，在这样的社会文化基石中，地域建筑必定是建筑技术、艺术与人性的综合再现。因此，地域建筑文化，需要从更深层次去理解建筑自身的美，不能仅停驻于当下，从而单一追求建造技术赋予的时代审美。

因此，地域情怀的归属感与地域建筑深厚的文化协调性，终将是当下建筑文化延展的载体与平台，在传统地域文化情愫中，寻找传统的文化意识形态，在此生发点必定是参天大树的老藤新枝。河西走廊厚重的生土，所延续的建筑语言，是无可替代的地方文化之血脉，纵然现代凌厉强势的文明冲击波，也难以完全取而代之。

三、河西究竟需要什么样的理想城市或生活载体

关于城市或建筑的未来——核心是“自问究竟需要什么样的理想城市或生活载体”，我们才有可能构架起自己心中的桃花源。什么样的城市承载我们的生活？城市的演进在什么样的新旧中交叠？良好的城市格局又是什么？

关于现代城市要不要有民族传统，要不要有地域特征，一直是过去长期争论不休的问题，然而随着社会对人文生态的可视化反思，其概念逐渐由模糊变得清晰。活着的才能被称之为传统，已故去的只能被称作是历史。传统的营造方式经历长期的社会变迁和民众生活模式的调和，达到了与自然相切合的人文状态，世界在呼吁多元而丰富的地域特色。河西具有民族特征的建筑不能脱离传统与传承对当今生活行为的渗透。

响应国家对有重要价值的古建筑群和古村落进行重点保护的要求，2015年在上海中国古村落保护与发展专业委员会举办了“思与行——2015年中国古村落保护与发展论坛”，该会议的宗旨是让人们重拾乡愁。会议讨论中，古村落被建筑学家喻为“空间说书者”，穿越千百年，这种鸡犬之声相闻，炊烟袅袅的乡村美景，不经意间已成为一种奢望。不少调查和统计说明，大规模拆迁、自然灾害和农村“空心化”，成为传统村落消失的主要原因。专家们一致认为——古村落、城镇和城市属于历史文化遗产群落，它们是历史文化发展珍贵的有形见证，反映了在某一地方居住的人们的文化、哲学和审美价值演变过程的连贯性。某种程度上说，古村落反映的是当地人的生活史……更是文化

传承的血脉。需要不断探索和形成符合中国国情的古村落保护与发展之路。据官方公布的数据显示，2002~2014 年，中国自然村由 363 万个锐减至 252 万个，十数年间大约减少了 110 万个。如今，古村落的主体也在流失，导致传统建筑无人维护，传统文化无人传承，村落发展举步维艰。河西面临的也是相同问题，如武威的秦家大院，虽然已被列为重点民居保护单位，但苦于没有维修保护经费，仅仅是画地为牢。无论从经济和生活本身的发展，还是从国家的财力来看，古村落的保护只能是少数。现下大多数传统民居建筑的保护方式只能采取局部保护或者留下资料的办法。

从国家的决策角度，古村落的保护是让人们重拾乡愁，重视保护历史传承，要让人们望得见山、看得见水、记得住乡愁。而宜居的核心价值体现在城市、地域的性格上。Charles Landry 在《创意城市》中写道："人与人之间的关系、互动与交流是城市发展的重要元素"。打理公众空间，不拘束隐形于市井生活的行为细节，尊重一切公共平台空间的人性化需求才是设计的主流。而人文生态环境是人们文化传承的基础载体，遵循地域建筑聚落形态与人文生态之间的协调发展，注重生态视域下地域建筑的人文生态是未来建筑发展的方向。建筑聚落形态本身更具丰富的空间关系，更具有超越固有边界的特性，更容易产生互动空间和适宜的尺度关系，从而使聚落空间包容不同年龄、社会阶层、族群、社会生活、社会营造、环境再生和地方风土。城市呈现自然有机序列的生长，同时序列中又呈现着无序、多元、和谐的一面。

第七章　结　语

主要研究结论：

探讨河西走廊生态文化地域特征及其对地域建筑的作用机理，目的是剖析丝绸之路——河西走廊地域建筑的时空演变特征及其人地关系。涉及的研究对象和领域是目前跨国丝绸之路申遗获准之后，丝绸之路保护与建设必须对区域环境生态、文化生态与文化传承进行的理论性研究，探索可持续发展的路径抉择问题。对丝绸之路——河西走廊地域建筑走向进行研究，是时代赋予我们的重要课题。能源、资源、环境等问题强烈地影响着我们的生存条件，改变着当今城市和建筑的发展方向，城市和建筑的互生发展，依照着地域固有的生态环境和文化模式向前推进。著名文化人类学家博阿斯（F.Boa）、路威（R.Lowei）和戈登威尔（A.Coldenweiser）曾指出"包括建筑文化在内的人类文化的普遍进步，是与文化的传播和交互影响密不可分的"，说明人类建筑文化一方面是特定地域的自然和文化生态组成部分，一方面又是各地域异质文化交融的结果。[1] 在冲突与交融的前提下，各地域的生态环境文化在跨地域的建筑文化谱系中，将各自的地域文化紧密地与其他文化联系在一起，勾画出不同的建筑地域生态结构特性。从视觉角度看河西走廊是奇特地貌下的千里景观长廊，从人文角度看那里又是数千年文明冲突与融合产生的经济长廊，河西走廊所处的特殊历史地位，成就了河西典型的地域建筑特征，是中华民族宝贵的文化资源，也是世界上独一无二的宝贵财富。对河西走廊建筑的研究不仅需要了解地理环境，历史的演变，民族的迁徙，更需要落实于对现存遗迹和建筑聚落的实地考察。河西走廊地域建筑的形成与发展，是该地区特定地域环境的产物，是该地域民族文化融合的结晶，因此本文研究表述了河西地区具体地域形态空间可持续发展的走向。

一、河西走廊生态地域建筑发展的走向与态势

河西走廊的地域建筑作为人居环境的场所反馈着历史文化的点点滴滴，而文化承载与延续的物质化诸多因素中，最为显著的地域建筑形式河西庄堡正处于被改变、被渗透、被残缺、被消失的状态。本文正是基于河西地域建筑的现状，研究与分析河西走廊人文因素对地域建筑的影响，确立了河西特殊的"庄

---

[1] 常青．丝绸之路建筑文化关系史观 [J]. 同济大学学报（人文·社会科学版），1992.

堡”地域建筑形态。分析河西生态与庄堡地域建筑文化；通过河西地域建筑生态表现，建立河西生态文化安全启示。以批判性地域主义为前瞻的地域建筑理论，明确河西地域建筑自身形成的建筑艺术协调性；强调基于生态系统的河西地域建筑体系未来的发展方向，关注根植于丝路文化同构的河西地域建筑的古风与今韵。

（1）溯源河西地域建筑，确定在丝绸之路的文化交融中，河西走廊地域建筑表现为自西向东[1]的建筑技术文化传播形式，同时关中传统地域建筑有自东向西的文化回授现象。

（2）河西地域建筑在特殊的地理环境区位中，形成了典型的庄堡建筑特性，其建筑模式和外在表征与生态环境紧密相融，生态环境决定了河西地域建筑的生态文化形态。

（3）在历史的长河中河西地域建筑的传承，呈现间断性的迂回式表现特征，废弃与消失是地域建筑历史兴废的外在表现，而地域的生态建筑特性依然延续至今，并对当代可持续发展提供借鉴作用。

二、生态视域下河西走廊地域建筑发展的空间遐想

近十五年中国城市建筑有了超速发展，自 1990 年代中期兴起的，以强调文化反抗和形式探索的“实验建筑”多少有些暧昧、封闭、自恋，并不足以面对新时代众多层面的质疑与挑战。当下过多的实验性和体验式建筑，是地域建筑阶段性的表象，但实验性建筑如何抵御普世建筑文化的入侵值得探讨。本文基于对河西走廊地域建筑的无限关切，专题专项研究河西走廊地域建筑未来发展的空间特点。

当下庄堡的防御功能已经随着社会的发展而退出历史舞台，但在生态环境不断恶化的当代社会仍显得弥足珍贵。研究河西庄堡地域建筑，探索河西地区在生态压力与文化冲突双重困境下而产生的建筑创新，对现代人居环境仍具有非常重要的现实意义。

对传统地域建筑的研究是针对中国建筑语言艺术的视觉化进行分析，将视觉语言与传统建筑理念联系起来搭建艺术的桥梁，也将成为研究河西走廊地域建筑的方法之一。建筑是传统文化中特殊的一类，其地域建筑的艺术表象可以

---

[1] 自西向东和自东向西在本文中所指为丝绸之路中东方文化与西方文化的互为影响关系。

是多维度的呈现，是过去时、现在时和将来时的综合体。胡塞尔的现象学方法是指意识活动的内容，是运用反思去还原原初的意识构造。而海德格尔存在论的现象学和梅洛—庞蒂的知觉现象学，这些哲学意义上的建筑跨界，“反思”、“知觉”和“现象”都是积极地去探索研究对象。在本文中就是利用现象学的哲学方法，去认知河西走廊地域建筑的回溯现象，在这样的视角中反观现代建筑和景观，研究河西文化在建筑环境艺术领域的无限可能。

（1）河西生态视域下的地域建筑审美：“实体”营造，是生态视域下以视觉语言为先导的地域空间文化属性所指，是历史文化聚落概念上“地域空间形态”与“城市生活空间”话语关系的平台，是非物质文化与城市创意空间的叠加，是“街区意味 + 空间营造”的地域空间创意营建，是以地域民族特性的生产、生活行为方式为根植，共性审美为特质的文化空间延续。

（2）河西生态视域下的地域建筑情感：“虚体”存在，是河西建筑技术与手法并存发展中的思考与反省，通过建筑美学体系的整合，从地域文化、地域形态、地域精神中建立自身的生态美学观。生态美学的艺术体现将河西生态地域情感归属与建筑艺术相协调、一致。“虚体”是传统文脉情景的再现，为城市生活提供传统地域空间的遐想营建，延展非物质文化的精髓，对接于城市设计的不同生活层面。

“实体”与“虚体”之间是符合地域人类文化所属的“记忆”、“习俗”乃至“乡愁”的视觉化艺术语言的空间再现，可脱离地域本原存在的空间记忆，是“地域”与“城市”血液互动的载体。地域建筑未来的发展设想，将以它自身鲜明的地域个性而存在于城市空间中，形成记忆的视觉语言，该语言是空间形态的塑造，大到城市街巷，小到一物一品，作为具体的使用者、参与人将是生活文化的初始体验者，真切地传承文化。因为传统文化是一定生活行为模式的传承，并非僵死不化的条文，反映与延展乡土性、本原性、生态性文化在设计领域里的可行性运用方式，正是思维意识跨界的体现，将不再局限于单一思维的原有地点空间的思考，而是影响城市生活行为、生活方式的一种行为观念。材料、设计元素被赋予生命的热情而鲜活有序，建筑将是特定的地域符号，使记忆里本土所熟识的一砖一瓦、一木一石等乡土特质的材质、色彩、肌理，在进行时空转换后形成未来城市空间的有序组合、叠加、堆砌，最终构成具有地域特点的现代建筑及其景观形态，创造空间记忆的归属感。

反思需要语境，生态视域下建筑艺术传递的是本土文化的肌理特性。地域建筑正是依据生态环境，才能形成本土化的良性发展，对地域建筑的思考正是对生态环境的反思所得，地域建筑与生态环境不相分离，二者之间存在着必然的联系。

三、河西走廊庄堡废弃与消失

河西走廊以其独特的地理位置成为整个丝绸之路不可分割的重要部分，是原西域少数民族与中原汉族文化交流融合的场所，也是中国古代社会与西方文化碰撞竞争的场所。因此，河西走廊地域建筑特色和文化传统，是该地区生存发展的根基，是研究民族文化与创新发展的平台。

任何一种建筑类型的衰退都存在特殊的历史状况，可能是文化的入侵，也可能是自然生存环境的变化，亦或是材料资源等的短缺。河西走廊庄堡在新中国成立后逐渐终结有特定的历史原因。

（1）河西地区在新中国成立后人口跳跃式增长，以及单元家庭脱离宗族大家庭的生活方式，使建筑土地占有面积不能满足人类日益繁盛的聚落模式。

（2）以农业发展为主导的经济状态下，聚落防御功能需求的减弱和使用功能的不足。

（3）低廉的现代建筑材料市场的冲击。

（4）建筑技术的发展代替地域建筑固有的建筑工艺，使地域建筑特性发生质的改变。

地域建筑的消失，引发了人们对生存环境归属感的丧失。[1] 考虑新建建筑与已有地域建筑的生态关系，尊重地域生态环境，形成环境的可持续性发展策略，是地域建筑发展的方向。因此，河西走廊庄堡的废弃与消失不是放弃地域建筑的理由。“庄堡”建筑元素不是单一的建筑尺度，而是长期生活行为模式的积淀，地域建筑形态适应了地域生态环境，达成实用与审美统一的平衡。河西干旱与半干旱气候的严酷环境，使得庄堡成为适合地域环境的建筑形态被保留至今，建筑本身的特定材料以及性能都成为本土化的演变方式。

未来庄堡的取舍在于成功开创新丝绸之路，吸取历史经验。以河西走廊地域建筑为载体，发掘河西走廊多民族的文化结晶，讲好中国自己的“故事”，输出中国文化传统优势，使中国在新丝绸之路的文化开拓中有文化实体相伴相

[1] 在此笔者声明不是反对新建筑、新技术。

随，这本身也成为保护河西走廊地域建筑的现实意义。河西走廊建筑的发展是历史传承基础上的发展，是建立在生态保护下的发展，是丝绸之路总体规范下的发展，是中国西北黄土文化的提升和延展。

四、河西走廊生态建筑体系

从丝绸之路河西走廊最原始庄堡夯筑技术的建筑特点，到以西域地区与中原地区为分水岭的传统建筑空间格局来看，在历史的纷争中，作为西部偏远的边关戍地，这里因为丝绸之路的繁盛，而使多民族共荣，迁徙变迁的部落文化使地域建筑文化得到繁衍。如今，河西走廊在便捷的信息化交流中，由于历史文化的富庶，在新世纪成为最炙手可热的地域文化资源。建筑作为一大分支要以自己所特有的生态建筑审美标准为体系，建造属于河西独有的建筑格局和城市面貌。如今河西文化旅游资源丰富的敦煌市，面貌已相对有了些许的变化，敦煌山庄、敦煌市博物馆、敦煌莫高窟博物馆以及敦煌莫高窟和榆林窟等新建筑，在古建的保护修复与复原中，建筑格局和表层材质肌理等设计语汇表达了地域建筑文化所特有的外在特性。尤其“敦煌山庄”建筑设计案例完全出自甘肃冶金设计院，而并非来自于其他地域的设计师，表明河西地域建筑的设计理念发展已经逐渐渗透于地方，尊重地域的生态环境，才是当下地域建筑发展首先要尊重的法则。展望河西地域建筑的未来发展走向，不仅仅是历史上由西向东渐进，抑或由东向西的回授，而是做足地方文化资源的优势使地域建筑处于有机的、新生的、向上的自身发展态势。

地域建筑设计涉及文化地域建筑的传统与革新和时代与地情，地域建筑由于地域生态条件的不同而产生不同的区域特征，要依据一定的现实生态条件和资源的合理化配置，进行地域建筑的有机整合。探讨生态的地域建筑问题，首先归属到本土文化生命力的延续。生态化的地域性思维模式，为当代城市打开了绿色与健康生存空间的新形式，在地域建筑设计中，必须探索和演绎生态地域文化情愫，置身于广阔的视野中寻找到符合当下人文情怀的设计初衷，不仅仅停驻于建筑所固有的营造技艺。

强调地域建筑的生命力，只有符合自然生态观念下的审美观，才适合当代区域建筑的需要。现代的区域建筑需要从历史条件、地理环境、生活习俗、技术体系诸多源流，努力寻找其发展规律而进行再创造。河西走廊地域建筑的保护和发展，离不开最基本的物质基础。该地区片片绿洲支撑了地区经济和人口的发展，使河西走廊地区成为历史上繁华富庶的经济走廊，这是区别于丝绸之路其他地段的主要原因。沙漠绿洲的出现是因为祁连山有限水源的有效利用。因此，沙漠绿洲的生态决定着河西走廊的生态安全趋势。

（1）为确保河西走廊的可持续发展，其应以生态安全体系为核心：

首先，不宜投产大的重工业项目，尤其是高污染的工业产业。

其次，评测地域环境的文化安全承载力，合理调配河西走廊东西不同区域的人口密度，遵循生态环境的变化规律。

再次，充分利用河西独特的文化资源，以输出中国丝绸之路文化为语境发展旅游产业，形成具有民族文化特征的文化衍生产业链。

最后，兴办具有地域民族特色的学校教育体系，为西部大开发与丝绸之路建设输出特定的后备人才。

（2）河西特定地域建筑的生态之本：

针对河西走廊生态地域建筑走向的脉络分析，以及当下建筑形态的横向与纵向对比，能够看出河西走廊地域建筑的城镇聚落是历史变迁发展的结果。历史时期的古城遗址分布与现代城址处于时空交叠状态，昔日的断壁残垣，荒野淹没的古城遗址，对应当今林立的繁华高楼，城市的发展不能违背自然生态环境的生存规律。借鉴重大历史变迁因素，应以史为鉴规划当下河西城镇未来的发展。城市的再发展不能摆脱地域环境的制约，城市空间意味的打造是长期生活模式的雕凿与塑造。

在河西走廊曾经的历史辉煌过后，如今生态环境地域的不利之处，由文化资源作为载体而凸显出河西地区的文化价值，缺失文化品位和追求新奇怪诞的建筑形式是不合时宜的发展形态，即当下运用大小简化屋顶或传统建筑构件来肤浅表现历史文化，是造成城市形象杂乱无章和生态环境肆意破坏的源头。河西走廊虽不及一二线城市那般繁华，但依然被当下的现状所纠葛，面对这样的特殊城镇发展时期，河西走廊更应该以自身的生态地域建筑为基础，脚踏实地地走有河西区域特征的生态化发展道路，发展河西人地关系形态的地域建筑类型。

附录：个人近年学术活动及研究成果

一、近年科研项目

1. 2015 年申请中国博士后第 57 批《河西走廊生态地域建筑原型及其生成机理研究》，项目编号：2015M572528
2. 2013 主持申请教育部《丝绸之路段——河西走廊生态与地域建筑的流变走向》，项目编号：13YJC760029
3. 2011 年以前三名参与教育部人文社会科学研究和西部边疆项目——《新中式建筑艺术形态研究》（已结题），项目编号：11XJC60003
4. 2012 年主持申报陕西省文化厅《基于批判性地域主义的新乡土建筑设计方法研究》（已结题），项目编号：2012001
5. 2012 年参与陕西省文化厅艺术基金项目《陕西关中地坑窑洞四合院民居建筑文化遗产保护研究》（已结题），项目编号：2012023
6. 2012 年陕西省科技厅政策处软科学研究项目《陕西民居文化遗产保护研究》，项目编号：2012KRM29
7. 2015 年参与陕西省教育厅人文社科项目《中国近现代民族建筑形态探索与过渡性研究》，项目编号：15JK1558
8. 2015 年独立申请西安美术学院人文社会科学研究项目《丝绸之路对关中建筑遗产资源的地域文化影响》，项目编号：2015XK020
9. 2015 参与国家自然科学基金项目课题《丝路经济带“长安－天山”段历史城镇文脉演化机理与传承策略》，项目编号：E080201

二、近年相关研究论文发表

1. 《人地关系视角下河西走廊地域建筑生态文化》发表于《建筑与文化》（2015 年）
2. 《河西走廊壁画影像与地域民居遗存形态分析》发表于《作家》（2014 年）
3. 《河西地域建筑生态表现》发表于《生态经济》（2014 年）
4. 《创造与转换——解读批判性地域主义》发表于《艺术教育》（2013 年）
5. 《地域居住环境与民居建筑遗产》发表于《艺术教育》（2013 年）
6. 《乡土文化生态考察记》发表于《西北美术》（2013 年）
7. 《城墙厚土》发表于《WATCH 旁观者》（2013 年第 12 期）
8. 《再认识批判性地域主义》入选《2012 年中国建筑年会论文集》

9. 《生土文化概念性思考》入选 2011 西安美术学院首届研究生学术活动月论坛“艺术的张力”
10. 《研究地域居住环境 保护民居建筑遗产》入选《第四届全国环境艺术设计论坛优秀论文集》(2010 年)
11. 《历史建筑的解读与再生》发表于《苏州工艺美术职业技术学院学报》(2010 年)

三、论文获奖

1. 2014 年《创造与转换——解读批判性地域主义》荣获西安市第十五届自然科学优秀学术论文二等奖
2. 2011 年《历史建筑的解读与再生》在西安市第十三届自然科学优秀学术论文中被评为优秀学术论文三等奖
3. 2010 年《研究地域居住环境 保护民居建筑遗产》获第四届中国美术家协会举办的“为中国而设计”论文优秀奖
4. 2008 年 6 月课题项目《陕西米脂窑洞古城人居环境保护研究》被陕西省科联评为优秀项目(证书号：[2008]104)

附录：2013年八月癸巳夏赴河西经四郡考察题记

一品当朝瑞安堡，
七亭八院屋脊高。
地主老财秦家院，
建筑形制细推敲。
——武威瑞安堡

落寞高墙南武城，
残分四段难辨识。
耋耄老人口相传，
无缘城址真面目。
踱步丈量墙垣迹，
唯与坞堡相契合。
——高台县南武城

途经秦汉苇烽燧，
金戈铁马烽火催。
当年水丰草茂地，
斜阳默默照壁垒。
战时军粮靠屯田，
戍边卫国沙飞扬。
嘉峪关外风声急，
堡墩烽燧隐密集。
野麻营口筑高台，
驿站补给紧相随。
——嘉峪关野麻湾堡

史知汉时疆土阔，
锁阳城头黄沙多。
玄奘曾往塔尔寺，
残塔千年渡佛陀。
—— 瓜州县锁阳城

地平线上呈一字，

回首漠然成方圆。
大漠无声风肆行，
祁连余脉引雅丹。
地表砾石结板块，
风雕石刻映奇观。

——敦煌雅丹地貌

河西祁连隐绿洲，
万里驱车人无忧。
遥见湿地近方城，
尽显雄浑玉门关。

——敦煌玉门关

寻迹沙海古董滩，
极目天边有远山。
南北大道连西域，
今日西出过阳关。

——敦煌阳关

汉时明月醉今朝，
月明星稀夜幕低。
琵琶声声行军急，
沙山夜鸣惊鸟绝。
摘星阁前识慧眼，
乾坤朗朗任驰骋。
夫君挥毫赞胜事，
吾依南窗游思绪。

——敦煌山庄

晨起向阳行，
疾驰莫言归。
儿盼母思切，
无心看鸟飞。
心下盘腹稿，
新诗不用催。

——归途

主要参考文献

一、专著

[1] 钱云，金海龙 . 丝绸之路绿洲研究，[M]. 乌鲁木齐：新疆人民出版社，2010.
[2] 林梅村 . 丝绸之路考古十五讲 [M]. 北京：北京大学出版社，2006.
[3] 切排 . 河西走廊多民族和平杂居与发展态势研究 [M]. 北京：人民出版社，2009.
[4] 齐陈俊 . 河西史研究 [M]. 兰州：甘肃教育出版社，1989.
[5] 马鸿良，郦桂芬 . 中国甘肃河西走廊古聚落文化名城与重镇 [M]. 成都：四川科学出版社，1992.
[6] 摩尔根等 . 古代社会 [M]. 北京：商务印书店，1977.
[7] 司马云杰 . 文化社会学 [M]. 北京：中国社会科学出版社，2001.
[8] 仲高 . 丝绸之路艺术研究 [M]. 乌鲁木齐：新疆人民出版社，2008.
[9] 甘博文 . 甘肃武威雷台东汉墓清理简报 [J]. 文物，1972.
[10] 甘肃省文物管理委员会 . 张掖国家沙滩清理简报 [J]. 文物参考资料，1957.
[11] 刘敦桢 . 中国古代建筑史 [M]. 第二版 . 北京：中国建筑工业出版社，1984.
[12] 边强 . 甘肃关隘史 [M]. 北京：科学出版社，2011.
[13] 萧默 . 敦煌建筑研究 [M]. 北京：机械工业出版社，2003.
[14] 吴庆洲 . 建筑哲理、艺匠与文化 [M]. 北京：中国建筑工业出版社，2005.
[15] 樊锦诗 . 中世纪建筑画 [M]. 上海：华东师范大学出版社，2010.
[16] 余平，董静 . 土、木、砖、瓦、石 [M]. 上海：上海文化出版社，2013.
[17] 中国现代化战略研究课题组，中国科学院中国现代化研究中心 . 中国现代化报告 2007[M]. 北京：北京大学出版社，2007.
[18] 李志刚 . 河西走廊人居环境保护与发展模式研究 [M]. 北京：中国建筑工业出版社，2010.
[19] 周干峙，邵益生 . 西北地区水资源配置生态环境建设和可持续发展战略研究 [M]. 北京：科学出版社，2004.
[20] 汤永宽 . 情歌、荒原、四重奏 [M]. 上海：上海译文出版社，1994.
[21] 朱晓明 . 当代英国建筑遗产保护 [M]. 上海：同济大学出版社，2007.
[22] 赵巍岩 . 当代建筑美学意义 [M]. 南京：东南大学出版社，2001.
[23] 李泽厚 . 美的历程 [M]. 北京：中国社会科学出版社，1984.

[24] 曾繁仁 . 生态美学导论 [M]. 北京：商务印书馆，2010.
[25] 罗竹风 . 汉语大词典 [M]. 上海：汉语大词典出版社，1989.
[26] 吴良镛 . 人居环境科学导论 [M]. 北京：中国建筑工业出版社，2001.
[27] 孙大章 . 中国民居研究 [M]. 北京：中国建筑工业出版社，2006.
[28] 王明贤 . 名师论建筑 [M]. 北京：中国建筑工业出版社，2009.
[29] 邵如林 . 中国河西走廊——历史、文化、艺术 [M]. 兰州：甘肃人民美术出版社，2000.
[30] 陈淮 . 河西走廊——边寨、古道、祁连 [M]. 深圳：西部文化传播出版社，2006.
[31] 唐晓军，师彦灵 . 甘肃考古文化丛书：古代建筑 [M]. 敦煌：敦煌文艺出版社，2004.
[32] 张力仁 . 文化交流与空间整合——河西走廊文化地理研究 [M]. 北京：科学出版社，2006.
[33] 陈万里 . 西行日记 [M]. 兰州：甘肃人民出版社，2002.
[34] 常青 . 西域文明与华夏建筑的变迁 [M]. 长沙：湖南教育出版社，1992.
[35] 常青 . 建筑遗产的生存策略——保护与利用设计实验 [M]. 上海：同济大学出版社，2003.
[36] 齐陈骏 . 河西史研究 [M]. 兰州：甘肃教育出版社，1989.
[37] 李并成 . 河西走廊历史地理（第一卷）[M]. 兰州：甘肃人民出版社，1995.
[38] 费孝通 . 乡土中国 [M]. 北京：北京出版社，2011.
[39] 张锦秋 . 从传统走向未来 [M]. 西安：陕西科学技术出版社，1992.
[40] 侯幼彬 . 中国建筑美学 [M]. 哈尔滨：黑龙江科学技术出版社，1997.
[41] 李允鉌 . 华夏意匠 [M]. 天津：天津大学出版社，2005.
[42] 潘谷西 . 中国建筑史 [M]. 北京：中国建筑工业出版社，2004.
[43] 梁思成 . 中国建筑史 [M]. 天津：百花文艺出版社，1998.
[44] 吴良镛 . 广义建筑学 [M]. 北京：清华大学出版社，1989.
[45] 耿云志 . 中国哲学史大纲 [M]. 上海：上海古籍出版社，1997.
[46] 周宪 . 中国当代审美文化研究 [M]. 北京：北京大学出版社，1997.
[47] 李宗桂 . 中国文化概论 [M]. 广州：中山大学出版社，1988.
[48] 马德 . 敦煌工匠史料 [M]. 兰州：甘肃人民出版社，1997.
[49] 余正荣 . 中国生态伦理传统的诠释与重建 [M]. 北京：人民出版社，2002.
[50] 毛刚 . 生态视野：西南高海拔山区聚落与建筑 [M]. 南京：东南大学出版社，2003.
[51] 丁一汇 . 中国西北地区气候与生态环境概述 [M]. 北京：气象出版社，2001.
[52] 黄盛璋 . 绿洲研究 [M]. 北京：科学出版社，2003.

[53] 吴良镛 . 建筑学的未来 [M]. 北京：北京大学出版社，1999.
[54] 郑晓云 . 文化认同与文化变迁 [M]. 北京：中国社会科学出版社，1992.
[55] 谢选骏 . 神话与民族精神 [M]. 济南：山东文艺出版社，1986.
[56] 林德 . 境生象外——华夏审美与艺术特征考察 [M]. 北京：生活·读书·新知三联书店，1995.
[57] 张云飞 . 天人合一——儒学和生态环境 [M]. 成都：四川人民出版社，1995.

二、译著

[1]（日）前田正名. 河西历史地理学研究 [M]. 陈俊谋. 北京：中国藏学出版社，1993.
[2]（英）奥雷尔斯坦因. 西域考古图记 [M]. 巫新华，刘文锁等. 南宁：广西师范大学出版社，1998.
[3]（英）歇尔马. 犍陀罗佛教艺术 [M]. 许建英. 乌鲁木齐：新疆美术摄影出版社，1999.
[4]（俄）O·И·普鲁金. 建筑与历史环境 [M]. 韩林飞. 北京：中国建筑工业出版社，1997.
[5]（芬）马达汉. 马达汉西域考察日记 [M]. 王家骥. 北京：中国民族摄影艺术出版社，2004.
[6] 斯文赫定. 丝绸之路 [M]. 江红，李佩娟. 乌鲁木齐：新疆人民出版社，1996.
[7]（英）斯蒂芬·加德纳 . 人类的居所 [M]. 汪瑞等 . 北京：北京大学出版社，2006.
[8]（美）亚历山大 . 建筑的永恒之道 [M]. 赵冰 . 北京：知识产权出版社，2002.
[9] 塞缪尔·享廷顿 . 文明的冲突与世界秩序的重建 [M]. 周琪等 . 北京：新华出版社 2010.
[10]（美）鲁道夫斯基 . 没有建筑师的建筑：简明非正统建筑导论 [M]. 高军 . 天津：天津大学出版社，2011.
[11]（美）乔治·麦克林 . 传统与超越 [M]. 北京：华夏出版社，2000.
[12]（美）露斯·本尼迪克特 . 文化模式 [M]. 北京：生活·读书·新知三联书店，1988.
[13] 哈奇 . 人与文化的理论 [M]. 哈尔滨：黑龙江教育出版社，1988.
[14]（法）勒·柯布西耶 . 走向新建筑 [M]. 北京：中国建筑工业出版社，1981.
[15]（荷）亚历山大·楚尼斯，利亚纳·勒费夫尔 . 批判性地域主义——全球化世界中的建筑及其特性 [M]. 王丙辰 . 北京：中国建筑工业出版社，2007.
[16]（日）布野修司 . 亚洲城市建筑史 [M]. 胡慧琴，沈瑶 . 北京：中国建筑工业出版社，2010.

三、期刊

[1] 闫有喜，吴永诚 . 河西走廊生土民居——瑞安堡 [J]. 建筑设计管理，2011（1）.

[2] 马世之 . 关于春秋战国的探讨 [J]. 考古与文物，1981（4）.

[3] 李锋敏 . 从河西走廊古地名看古代河西历史 [J]. 甘肃社会科学，2000（2）.

[4] 李并成 . 百年来敦煌地理文献及历史地理的研究 [J]. 敦煌学（辑刊），2010（2）.

[5] 嘉峪关市文物管理小组 . 嘉峪关汉画像砖墓 [J]. 文物，1972（12）.

[6] 周晶 . 青海撒哈拉族—庄窠—篱笆楼—民居的社会环境适应性研究 [J]. 建筑学报，2012（7）.

[7] 李群，李文浩等 .《土性文化——新疆鄯善县麻扎村生土建筑景观规划设计解析》一文中相关多民族迁徙形成的建筑形态 [J]. 装饰，2010（3）.

[8] 马清运 . 关于“父亲宅”的自述 [J]. 建科之声，2004（5）.

[9] 景爱，苗天娥 . 剖析长城夯土版筑的技术方法 [J]. 中国文物科学研究，2008（2）.

[10] 葛承雍 .“胡墼”渊源与西域建筑 [J]. 寻根，2000（5）.

[11] 哈静 . 青海“庄窠”式传统民居的地域性特色探析 [J]. 华中建筑，2009（12）.

[12] 张正康 . 一次西部建筑创作时间——敦煌山庄设计 [J]. 建筑学报，1996（12）.

[13] 牛建宏 . 城市发展一定要重视综合承载能力 [J]. 中国建筑学报，2006（2）.

[14] 沈克宁 . 批判的地域主义 [J]. 建筑师，2004（5）.

[15] 张伟 . 关于生态学研究对象和研究方法的思考 [J]. 汉大学学报（人文科学版）,2006（1）.

[16] 裴钊，戴春，刘克成 . 历史中心与地理边缘的叠加——刘克成教授访谈 [J]. 时代建筑，2013.

[17] 曾繁仁 . 当代生态美学观的基本范畴 [J]. 文艺研究，2007（4）.

四、知网硕博论文

[1] 李严 . 明长城“九边”重镇军事防御性聚落研究 [D]. 天津：天津大学博士论文，2007.

[2] 闫波 . 中国建筑师与地域创作研究 [D]. 重庆：重庆大学博士论文，2011.

[3] 王瑛 . 建筑趋同与多元的文化分析 . 北京：中国建筑工业出版社，2005.

[4] 戚欢月 . 敦煌荒漠化地区建筑形态的再发展——荒漠地带人居环境积极化初探 [D]. 北京：清华大学建筑学硕士论文，2004.

[5] 李鹰 . 河西走廊地区传统生土聚落建筑形态研究 [D]. 西安：西安建筑科技大学，2006.

[6] 汪威．丝绸之路甘肃段旅游中心城市体系构建及其空间一体化发展研究 [D]. 西安：西北大学，2007.
[7] 李鸣骥．西北干旱区内陆河流域城镇化过程与区域生态环境响应关系研究 [D]. 兰州：西北师范大学，2007.
[8] 于光建．清代河西走廊城镇体系及规模空间结构演化 [D]. 兰州：西北师范大学，2008.
[9] 李延俊．河西走廊传统生土民居生态经验及再生设计研究 [D]. 西安：西安建筑科技大学，2009.
[10] 王巍．河西走廊地区寨堡建筑 [D]. 西安：西安建筑科技大学，2010.
[11] 李元元．河西走廊多元民族文化互动研究 [D]. 兰州：兰州大学，2010.
[12] 唐栩．甘青地区传统建筑工艺特色初探．天津：天津大学，2004.
[13] 王军．生态视野：西北干热气候区生土聚落发展研究 [D]. 西安：西安建筑科技大学，2004.
[14] 钟灵毓秀．当代地域建筑美学观念和艺术表现手法．天津：天津大学，2007.
[15] 程静微．甘肃永登连城鲁土司衙门及妙因寺建筑研究．——兼论河湟地区明清建筑特征及河州砖雕 [D]. 天津：天津大学，2005.
[16] 冯琳．甘肃丝绸之路沿线传统民居装饰比较研究 [D]. 西安：西安美术学院，2013.

P后记 ostscript

本人自1991年起先后进入西安美术学院附中和大学学习，2000年毕业于西安美术学院设计系环境艺术设计专业，经过多年社会实践的沉淀并继续求学深造，于2004年考取西安美术学院建筑环境艺术系硕士研究生，在热爱建筑环境艺术设计专业的感召下，2010年笔者有幸继续师从西安美术学院建筑环境艺术系吴昊教授攻读博士研究生，从事建筑遗产与生态环境保护方向的课题研究，2014年获得西安美术学院美术学博士学位。

读博士期间"苦读书，读苦书"使我在理论研究上进入了新的专业学术平台。2013主持申请了国家教育部人文社会科学青年基金研究项目《丝绸之路——河西走廊与生态地域建筑走向13YJC760029》。求学期间尊崇导师严谨治学的学术态度以及做人做事的方法，使我在学术研究和生活中受益匪浅，也成为鼓舞我前行的精神动力。

本书是在博士论文研究基础上深化完成。2014年年底本人进入西安建筑科技大学博士后流动站进行深入研究，在博士后导师任云英教授的诸多帮助与指导下，研究方向获得建筑学理论知识方面的进一步完善，并得到了中国博士后第57批面上基金的项目资助，在研究深度上扩展形成了文章目前的篇幅和面貌，并最终荣获西安美术学院学科建设重点资助项目，并使本书得以顺利出版。

在此，我诚意感谢博士导师吴昊先生，他以高屋建瓴的研究姿态和敏锐的学术研究洞察力，明确河西走廊这项具有重大意义的学术研究方向和其学术价值，也为我指明了研究方法与路径。同时，作为研究课题指导导师身先士卒带领我和学友深入甘肃境内做田野考察。在调研期间，考察了河西走廊沿线自然生态及建筑生态的人文与历史，亦使我作为"开山弟子"扛起丝绸之路地域建筑研究的学术大旗，个人恐以己之力势微难以担当，只希望以质朴的田野调查方法来夯实文章的研究基础，以朴素的文风表达对河西走廊地域建筑的文化思考，未来也将以此研究作为终生的学术方向进行纵深领域研究，追随学者所应具备的精神与态度。进入西安建筑科技大学博士后流动站前后，合作导师任云英教授也给予我诸多悉心指导，使我终身受益于导师严谨的学风和研究学术的态度，也使本文的撰写贯穿了美术学与建筑学等多学科的跨界与交融，在此表示深深的敬意。本书在写作过程中，还得到了郭线庐教授、周晓陆教授、彭德教授、李青教授、赵农教授、石村教授、王晓教授和刘永杰教授，以及吴家骅教授等多位博士生导师的指导，特别感谢陆楣教授的指导，并引荐的甘肃设计研究院唐镇涛总工，为本书的田野调查和资料搜集提供了全力的帮助。这些专家教授的治学方法及人格魅力，深深触动了常常处于迷茫之中的我。

还要感谢我的博士同窗魏小杰、丁卯、张乐、张西昌、高子期、王晓珍、白林坡、周靓和金萍等众好友所给予的支持和帮助，也感谢岳父大人多次为我费心费力反复校审书稿，以及爱人郝翰多次驾车往返河西走廊，与我协同实地田野考察，保证了一手资料的及时获取，同时也倾尽家人能及之力默默支持我的学业和工作，才使得本书的研究和撰写工作能够顺利完成。

另外，我的师妹张犁博士也为本书的出版付出了大量心血，特此深表谢意！

在本书的出版过程中，中国建筑工业出版社杨虹编辑更是付出了辛勤的劳动，以及在各方面曾经给予我帮助的朋友们，因不能一一告知，在此一并致谢！唯有以“致虚极，守静笃”之心复归于朴、安然于心，在研究的道路上不断继续前行，才能不辜负大家的期望。

胡月文

2017年1月于关中民俗博物院余庆堂